新版 畑仕事の十二カ月

暦に学ぶ野菜づくりの知恵

久保田豊和

家の光協会

まえがき

平成二十年に発刊した『暦に学ぶ野菜づくりの知恵　畑仕事の十二カ月』は、これまで日本の農家で営まれてきた農業の知恵を、現在の畑づくりに生かしてもらおうという目的で執筆いたしました。以前より古い農書を読み始め、役立つ知恵が多いと感じたことがきっかけでした。

発刊から八年経ち、私たちのまわりを見ると、異常気象はますます増えています。以前よりも気候がよみにくくなっている今だからこそ、先人たちの知恵に学ぶものは大きいと感じています。異常気象が多い年は、植物自体が気候に体を合わせていますから、「○月○日に何をする」という決まりよりも「～～が咲いたら△△をまく」など、自然の目印がより参考になるかもしれません。

昔から伝わる農書には、現在にも通じるたくさんのヒントがあります。旧暦や農事暦などのカレンダーを見かけることも多くなってきました。旧暦カレンダーはよいけれど、農事暦や農書はちょっと難しそう、と思われる方もいるかもしれません。たしかに古文だし、難しい漢字も言葉も出てきます。

でも心配はありません。農事暦や農書はこの畑を耕していた先人たちのメッセージです。鍬で耕し、種をまき、草を取る、やっていることは今も昔も変わりません。

この本は、農作業の知識や実務の指南書ではありません。先人たちの知恵について書いた本です。知識は更新され、新たなものに変わりますが、知恵は体験とともに深まり普遍のものとなります。

農作物のよいところは誰がまいても芽が出るところ、旧暦のよいところはお月様を見ると一カ月がわかるところ。畑に立つと、昔から先人が耕し続けてきてくれたおかげで、いま畑がここにあることがわかります。

この畑を子孫にも伝え続けていきたいものです。畑を通じて先人や子孫とつながっている、農作業はすてきな仕事です。皆さんが大地を耕す時、この本が先人との語らいのガイドブックになればと思います。そして、次の世代へのささやかなメッセージになればと思います。

このたび新版を発刊するにあたり、農書についてもう少し詳しく知りたいという読者の声に応え、江戸時代に書かれた『百姓伝記』から得られる知恵を巻頭と十二カ月の章末に追記し、加筆修正をしています。

農業には、定年も含めて、これでよいという終わりがありません。いつまでも畑に立ち続けるあなたに、ぜひ役立てていただきたいと思います。

目次

【四月】種をまこう……68

【五月】よい苗を育てよう……78

【八月】夏の農繁期……116

【九月】二百十日を無事過ぎて……126

本書について

・各月の農事暦では、新暦（太陽暦）の日付に、二十四節気と雑節、七十二候を示しています。
・七十二候は『農事の愉しみ——十二ヶ月』（梅原寛重著）に記載されていた、農事暦の七十二候をもとにしています。
・漢字の読み方、書き方、解釈については、諸説あります。
・植物の開花時期や、各月の作業の日取りは関東地方を基準にしています。

太陽と月の暦で野良まわり

これから、農事暦に沿った自然にやさしい畑仕事についてお話ししていきます。

野菜作りに興味があり、実践しようとしている皆さんは、スーパーで買う野菜にきっと満足していない人たちでしょう。安全な野菜を自分の手で作って、美味しく調理して食べたい。輸入冷凍野菜などの「ファストフード」の対極として作り手の顔の見える野菜「スローフード」の考えがあります。

スローフードは一九八六年にイタリアで生まれたイタリア製英語です。ファストフードなど世界中どこでも食べることができる全世界的食品（グローバリズム）に対して、その土地で作られ調理されるその地域の食べ物（ローカリズム）を見直し、次の世代につなげていこうという運動です。イタリアで生まれたので、パスタやピザ、モッツァレラチーズなどのイメージがありますが、日本のスローフードは米、五穀、味噌、しょうゆ、日本酒、豆腐など、自分たちで作物を育てたり地元の材料で作ったりすることをいいます。

物を消費する豊かさから物を生産する豊かさへ。あなたのベランダや小さな菜園から楽しく実りあるスローライフを始めましょう。

シンプルな暮らし・シンプルな畑

スローライフは和製英語です。英語ではシンプルライフといいます。シンプルは簡素という訳がもっとも適していると思います。

環境に配慮した暮らし、のんびりと自然に向き合った暮らし、自分の内面をしっかりと見捉えた暮らしをするために、畑仕事の中で植物と向き合い、自給自足を目標とした生活が見直されています。スローライフは働かない、がんばらない暮らしのように勘違いしている人もいますが、本来スローライフは自然にやさしく、人と自然が率直に向き合うシンプルな暮らしを意味するのです。これからの生活をスローライフにするために、「シンプルな暮らし・シンプルな畑」の指針をあげました。

シンプルな暮らしとは…

●朝は日の出とともに起き、夕日とともに家路に着く
●月の満ち欠けで季節を知る（正月や七夕などのプライベートの行事や畑仕事は旧暦で行う）
●旬の野菜と魚を食べる（植物のライフサイクルに合った栽培を心がける）
●多少高くてもよいものを買い、長く大切に使用する（「消費」から「循環」へ価値観の転換を）
●晴耕雨読《せいこううどく》

シンプルな畑とは…

●利用できる収量を考え、適正規模で栽培する

●閉じられた系の中で、野菜などの栽培を行うよう心がける（畑にできるだけ外部から物を入れない、農場のすべての動植物を農場の循環の中で育てる）
●生命の領域の中で活動する（土の中で分解しない農業資材は使わない）
●化学肥料を使用しない（動物の排泄《はいせつ》物を肥料に使う）
●適地適作を心がける
●輪作《りんさく》によって農場に多様性を生む（これによって病害虫を防ぐ）
●炭素（有機物）の土・植物・空気を巡る循環を目指す（持続可能〈サスティナブル〉な畑を目指す、私たちの土地は未来の子どもたちから借りているもの）
●土・植物・動物・地形の調和のあるバランスを目指す（あなたの畑がヘブライ語でいう囲われた〈ガー〉楽園〈エデン〉、本当の庭〈ガーデン〉になりますように）

この本では、農書（農事暦）から見えてくる、自然に寄り添う暮らし、シンプルライフを提案していきます。「瓜《うり》のつるに茄子《なすび》はならぬ」という諺《ことわざ》がありますが、生物はそのものが持つ遺伝子と生育過程での手入れなどによって、実る果実が決まってきます。古人はそのことをよく知っていました。野菜の持つ力を充分に引き出せるよう自然の営みを農事暦に残していったのです。そこには、同じ形で、同じ大きさの野菜がとれなくても、多少失敗しても、安心で安全な野菜を地球にやさしく、のんびり作っていきましょうというメッセージが込められています。

農書との出会い

私が農書に関心を持ち始めたのは二十数年前。農業高校で教えていた私は、農薬や化学肥料に頼っている近代農業から、できるだけ環境にやさしい栽培への脱皮を目指していました。しかし、当時は周囲に有機農業をしている知人もなく、田舎の本屋では有機農業の本も数冊しか手に入りませんでした。そんななか、岩波文庫から出ている農書『農業全書』や『百姓伝記《ひゃくしょうでんき》』、のちに『会津農書《あいづのうしょ》・会津歌農書《あいづうたのうしょ》』に出会いました。

農書は安土桃山時代から江戸、明治にかけて書かれた農業の専門書です。当時の篤農家や名主などがその土地の農民に向けて書いた一種の技術書です。農薬や化学肥料を使わない、鎖国による循環型社会が形成されていた時代ならではの持続可能な農業技術が記されていました。初めは取っ付きにくかったのですが、実際に自分が育てている作目の部分の技術書として読むとおもしろく、大変ためになりました。

なかでも農事暦に関心を持ちました。ほとんどの農書が月別の作業暦を冒頭においています。昔の人は季節への関心が異様に高いのです。温帯に位置して四季に恵まれた日本では、季節に合わせた農作業は病気や害虫を防ぎ、その土地に合った品種を作るうえでも重要だったのです。字の読めない人たちも絵でその季節と農作業を知りました。絵暦《えごよみ》と呼ばれ、『田山暦《たやまごよみ》』や『盛岡絵暦《もりおかえごよみ》』などが有名です。

日本で発刊された農書のほとんどは、冷夏や飢饉のおそれのある東北や北陸地域のものが多く、私の住む温暖な静岡には優れた農書は少なかったのですが、よく読むと地域が変わっても、畑や自然と対話をする作者の姿勢はどの農書も一緒でした。南北に長い日本列島では種まきやイモの植え付けなどの指標となる植物があることも知りました。

農事暦は「のうじごよみ、のうじれき」と読み、時の権力者が定めて民衆に示していたものではなく、その土地の農事に合わせて作り出し、絵などで示した民衆の暦です。「昔の農業技術は自然と対話し、暦と相談し、四季の流れの中で、年中行事とともにあったのか」と非常に新鮮な驚きを感じました。そして、それは今でも、いや今でこそ必要なものではないかと強く思ったのです。

ある年、正月に帰省した実家のコタツの上に農林統計協会から出ている『新農家暦』がありました。農業を営む父が青果市場に出荷に行き、もらってきたものでした。パラパラとめくると「一粒万倍日《いちりゅうまんばいび》」「○」「望《ぼう》」「●」「朔《さく》」「夏至」などの言葉や記号が目にとまりました。○とは何だ？　一粒万倍？

一粒万倍日とは、大安と並んで縁起がよいとされる吉日。たった一粒の籾が万倍にも実る日を指します。「望（○）」「朔（●）」は、後述する月の満ち欠けを示す印です。その冊子には、できるだけ自然に即した農業の知恵が詰まっていました。旧暦、農事暦は今も生きている。しっかりと農家の人たちは古人の教えに倣って先祖代々の土地で、先祖代々の農業を守っているのだ――。幼い頃はなんとも思わないで食べていた七草粥や小豆粥、毎年揚げてもらった初午《はつうま》の幟《のぼり》（旧暦の一年の最初の午の日に行う稲荷社の祭日。三色から四色の半紙をつなげて幟をつくる）、これらによって父や母は自然と会話し、作物に向かっていたのだ、とその時気づいたのです。

私はますます旧暦と農書（農事暦）にはまっていきました。

旧暦とは

昔の農書を読むと、農書に書かれている暦と現在のカレンダーが違っていることに気がつきます。江戸時代にできた農事暦は「旧暦」で記載されていて、私たちの日常よりも一カ月ほど遅いのです。ここで旧暦についてお話ししましょう。

今、皆さんが使用しているのは「太陽暦（新暦）」です。これは明治になって日本に導入されました。太陽の運行を基にした暦です。それ以前に昔から日本人が使っていたのは、月のリズムと太陽の運行の両方を基にした「太陰太陽暦（旧暦）」です。新しく導入された太陽暦を新暦と呼ぶようになったことで、太陰太陽暦は旧暦と呼ばれるようになりました。

旧暦の一日は地球の自転を、一カ月は月の満ち欠けを単位としています（図表1）。新月（朔）は月が見えなくて真っ暗な夜です。この日が旧暦の一日《ついたち》です。やがて一カ月の中頃、満月（望）になります。さらに月が欠け、再び新月になると旧暦の一カ月が終わり、これを十二回重ねると一年が終わります。

一方、四季を作り出す太陽は三百六十五日と約四分の一日で一年を刻みます。月の十二カ月は三百五十四日余り、太陽の一年より約十一日短いことになります。そのままでは三年で三十三日（ほぼ一カ月）の差が出てしまいます。そこで、実際の季節とのずれがあまり多くならないよう数年に一度「閏月《うるうづき》」と呼ばれる一カ月を設けて調整し、一年が十三カ月となる年を作りました。

たとえば旧暦では三月のあとに閏三月がもう一カ月あったりします。季節と暦月の調整の年ですが、旧暦カレンダーを見ると、昔の人ののんびりさに笑ってしまいます。そういえば、旧暦から新暦に変えた明治五年十二月三日は閏月のあった年で、維新後間もなく資金もなかった明治政府は役人の給料を一カ月分節約する目的もあって、この日を明治六年一月一日にしてしまったと聞いたことがあります。

農家は、何月何日に一年が始まるとか、今日は何月何日と毎日気にしていたわけではありません。季節を二十四節気《にじゅうしせっき》や雑節《ざっせつ》ではかり、咲く花や、虫の声、渡り鳥で季節を感じ、自然に即して仕事をしていました。百姓は月給で暮らしていたのではなく、大地の恵みで

図表1　月の1カ月と月の名前

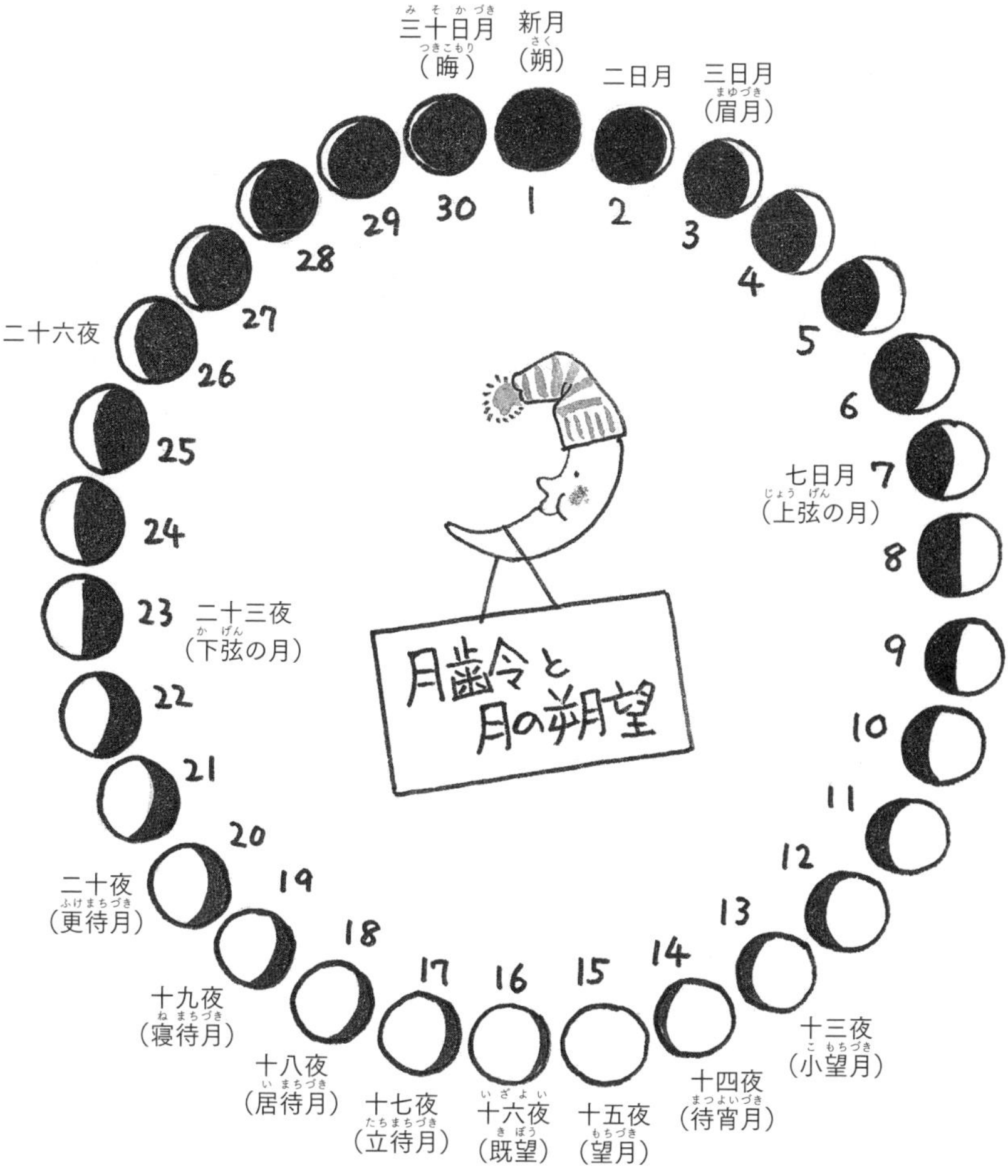

暮らしていたのです。カレンダーの日付はほとんど必要なかったのです。それでも神社や村の鎮守《ちんじゅ》の祭り、さまざまな年中行事がありましたから、お寺や神社に正しい月日を教えてもらい、それで充分だったのです。旧暦を理解することは、古人の暮らしを理解し、農事暦を理解することにつながっています。

旧暦の見方

四季を知る

旧暦では季節が明確に決まっています。一〜三月は春、四〜六月は夏、七〜九月は秋、十〜十二月は冬。新暦の正月は旧暦の十二月頃に当たるので、新暦で正月を迎えると冬のさなかに「新春のお慶びを申し上げます」などと年賀状を出すことになり、松の内を過ぎて出す返事が「寒中お見舞い申し上げます」と、季節が前後してしまいます。

二十四節気・雑節

旧暦を見るうえで重要なのが「二十四節気」です。これは実際の季節と暦とのずれを補うもので、農家が田植えや種まきをするための季節の基準です。一太陽年を二十四等分し、約一五・二一八日ごとに独立させて名称を与えたものです。発祥地が中国黄河《こうが》文明地帯なので、多少日本の季節とずれますが、覚えておくと生活に潤いが出てきます。

◆二十四節気

【春】立春《りっしゅん》　雨水《うすい》　啓蟄《けいちつ》　春分《しゅんぶん》　清明《せいめい》　穀雨《こくう》
【夏】立夏《りっか》　小満《しょうまん》　芒種《ぼうしゅ》　夏至《げし》　小暑《しょうしょ》　大暑《たいしょ》
【秋】立秋《りっしゅう》　処暑《しょしょ》　白露《はくろ》　秋分《しゅうぶん》　寒露《かんろ》　霜降《そうこう》
【冬】立冬《りっとう》　小雪《しょうせつ》　大雪《たいせつ》　冬至《とうじ》　小寒《しょうかん》　大寒《だいかん》

　これらの言葉はいずれも季節と連動しています。たとえばこんな感じです。「立春」は旧暦で一年の始まりのこと。「雨水」は、草木が萌えうごく（新芽の芽吹きを萌えるという）頃で、着物の萌黄色《もえぎいろ》はネギが萌え出る色からきているのでこの時期に着ます。

「啓蟄」は巣に閉じこもった虫などが外に出て、芋虫がモンシロチョウになる頃。そして「春のお彼岸」。暑さ寒さも彼岸まで、畑の季節です。春の訪れをボタ餅でお祝いします。ちなみに、春のお彼岸に食べる餅菓子は、その姿が牡丹《ぼたん》の花に似ているのでボタ餅、秋のお彼岸では餡の粒々が萩の花に似ているのでオハギといいます。

「春分」は桜が咲く頃で、雷が鳴りますが、これを春雷といいます。「清明」の頃、ツバメが飛来し、渡り鳥が北に帰ります。「穀雨」の頃は霜が止むので苗を植え付け、牡丹の花が咲く時節です。旧暦はなかなかおもしろいでしょう。
二十四節気が農作業の目安にされる例も多く、現在でも、秋まきホウレンソウは「白露」（秋の気配が高まり、朝晩は冷え込み、朝の野草に降りた露が光る頃）に種まきすることを頑固に守っている農家もあるくらいです。
この二十四節気の考え方が、日本に導入されて以降に足された要素が「雑節」です。日本での季節の移り変わりをより的確につかむために、日本人の長い生活体験から生まれたものです。主に農作業に即して作られており、より農業に密接した節目ともいえます。

◆**雑節**

節分《せつぶん》　二月三日頃。「立春」の前日。もとは季節の分かれ目を指し、「立夏」「立秋」「立冬」の前日も指した。

彼岸《ひがん》　三月十七〜二十三日頃。九月十九〜二十五日頃。「春分」と「秋分」の前後三日ずつ、計七日間のこと。初日を彼岸の入り、当日を中日《ちゅうにち》、終日を明けと呼ぶ。

社日《しゃにち》　一年に二回あり、「春分」と「秋分」にもっとも近い戊《つちのえ》の日。春には五穀の種を供えて農作を祈り、秋は収穫のお礼参りをする。

八十八夜《はちじゅうはちや》　五月一日頃。「立春」から数えて八十八日目。霜が降りることが少なくなる頃。

入梅《にゅうばい》　六月十日頃。太陽が黄経八〇度を通過した日。「夏至」を中心に約三十〜四十日間梅雨期に入る。
半夏生《はんげしょう》　七月一日頃。「夏至」から数えて十一日目。梅雨の終期に当たり、田植えを終える目安。
土用《どよう》　最近では夏の土用を指すことが多いが、もとは「立春」「立夏」「立秋」「立冬」の前の十八日間をいう。最初の日は土用入り、最終日は節分。
二百十日《にひゃくとおか》　九月一日頃。「立春」から数えて二百十日目。稲の開花期に当たり、台風に警戒する頃。
二百二十日《にひゃくはつか》　九月十日頃。「立春」から数えて二百二十日目。二百十日と同様、台風に注意する頃。

五節句

「節句」とは暦の一つでもあり、伝統的な年中行事を行う季節の節目となる日をいいます。この年中行事も、旧暦で行ったほうが季節に即しています。

旧暦では現在の暦より約一カ月遅れでお正月が始まります。「立春」は旧暦の一年が始まるしるしで、その日にいちばん近い新月から一月がスタートします。旧暦一月七日は五節句の最初である「人日《じんじつ》の節句」。新暦一月では田畑に見えない七草たちも、旧暦一月七日（新暦二月頃）なら田や畑で見つかります。立春の朝、外はまだ寒いですが、暖かい服装で畑に七草を見つけに出かけましょう。

「七夕」もそうです。新暦の七夕では曇りが多く、晴れることは稀《まれ》です。本当は旧暦の七月七日（新暦八月頃）に行うほうが望ましいのです。八月頃なら梅雨も明けて天の川を見ることができます。

一月七日　人日《じんじつ》の節句。災いを払い、農作物の豊穣を祈願する七草粥を食べる。

三月三日　上巳《じょうし》の節句（桃の節句）。女の子の成長を祝う節句。昔は人形を形代《かたしろ》として厄払いで川や海に流した。美しい今の雛人形に変わったのは江戸中期から。

五月五日　端午《たんご》の節句。菖蒲《しょうぶ》の葉が刀に似ていることから邪気を払うものとさせ、菖蒲酒や菖蒲湯に使われた。三月三日の女の子の節句に対応させ、菖蒲が「勝負」「尚武《しょうぶ》（武事や軍事を重んずる）」と同じ音なので男の子の成長を祝う節句になった。

七月七日　七夕《たなばた》。織姫《おりひめ》と彦星《ひこぼし》が天の川をはさんで年に一度の逢瀬を楽しむという伝説に基づいた星祭りと、日本古来の農耕儀礼や先祖信仰とが結びついたもの。青森の「ねぶた」や秋田の「竿燈」も七夕にちなんだ祭り。

九月九日　重陽《ちょうよう》の節句（菊の節句）。中国ではキクの花の気品と香りが邪気を払い、寿命を延ばすといわれている。日本では栗ご飯を食べる風習から「栗節句《くりせっく》」ともいう。

こうした旧暦の知識が最近では、二十四節気、七十二候《しちじゅうにこう》を見直すブームとなり、より広く受け入れられるようになっていると感じます。これらには、頭で考える知識としての暦ではなく、目で見て、音を聞いて、舌で食してと五感で感じる季節の知恵が詰まっています。カレンダーを眺めるだけでなく、行事に参加して季節を感じながら一年を過ごしてほしいと思います。

農作業も、実は旧暦と密接につながっています。自然とその中にある準自然である畑や田んぼは、お互いが遮断されているのではなくて、密接に結びついているからです。

『百姓伝記』（四季集）を読む

先ほど紹介した『百姓伝記』の内容をもう少し詳しく見ていきましょう。「畑仕事に生かす農書の知恵」でも述べますが、『百姓伝記』とは、江戸時代前期の農業の全容を伝え聞きでまとめられた書物です。作者不詳で、出版された年号もしっかりとはわかっていません。三河（愛知）・遠江（静岡県西部）地域の農業が描かれており、伊豆と遠江と静岡の東西の距離はあるにしろ、自分の住んでいる地域に近く親近感もわきました。

『百姓伝記』は最初の巻一が「四季集」と題され、「そもそも春夏秋冬を四季という。一季は七十二日ずつ、一季七十日に終わって、十八日ずつ土用がある。四つの土用の日数は合わせて七十二日。四季と土用の日数を合わせて年間三百六十日である」といった、暦の説明で始まります。四季集の文章を読むと、二十四節気の一季をさらに三候ずつに分けた七十二候（花や木、鳥や昆虫などの自然事象を短い言葉で表現したもの）の記述とよく似ています。

次の文章は『百姓伝記』「四季集」の後半からの抜粋です。ここで紹介する一年は、十二月から始まって十二月に終わります。二十四節気や七十二候がどこに隠れているのか確認しながら、具体的に少し一緒に読んでみましょう。

まず、最初の十二月は、「十二月の中に節分があり、春の来る年がある。また、正月、節分があって次の日から立春となったり、年の暮れ二十九日、三十日で切れて冬の一季が終わることもある。冬の土用が明けて陽春となる年はめったにない」として、旧暦の一月一日と太陽暦の「立春」とが必ずしも一致しないという言い訳から始まります。

春の始まりである一月の記述には、「正月、節分のあくる日を立春といって、目には見えないが春の気が動く。東風《はるかぜ》がそよいで厚い氷も薄くなる。山里にはウグイスが初めて鳴く。土の底を掘ってみると、屈まっている虫たちは身震いをしながら動く。水底に棲《す》む魚たちは氷の下で動き遊ぶ。その節、雨が降るとカワウソが魚を運びたくわえる。節分より二十日余りが過ぎ、雨が降り氷となれば、諸国の大河にマス・ウグイ・スズキなどの魚が上ってくる。千草も芽を出してくる。（中略）この頃に正月は終わりになる」とあります。目に見えない春の気配を感じるのは、永遠に続くかもしれない冬の終わりを待つ百姓たちの願望です。土の下、氷の下に春の兆しを見つけて喜ぶ様子が伝わってきます。

夏の始まりである四月の記述では、「四月、立夏、土用過ぎると、ホトトギスが山にも里にも鳴き渡る。宵々ごとに海辺にカツオドリが鳴くと夏の初めになる。草木の若芽が開いて、野山は青く見える。卯の花・カキツバタ・イチハツ（コヤスグサ）・ボタン・シャクヤク・イチゴ・ケシの花が咲き、麦秋（麦が実る頃）を迎える。ケラ（キッツキ）が羽を開いて舞い、鳴くことがある。ミミズが土の上に出て遊ぶ。サトイモの芽が出て葉が開く。イモリが水中に生まれる。モズの子が巣を出て鳴くことが多くなる。山中のシカはツノを落とし、タラの若芽を喰《く》らい、新しいツノが生えることを願う。山里に小さな蝉が出てきて鳴くと日が長くなる。四月も終わり、早田の苗を植える」と、述べています。

花が庭先に咲き乱れ、田植えが本格的に始まるわくわく感が伝わってきます。この頃は山も実り多く、タラの芽でおなか一杯のシカは里には下りてこなかったのでしょう。

一月の記述を読むとわかるように、二十四節気の「立春」の頃、七十二候の「東風氷を解く」「ウグイス鳴く」の描写があり、その後「魚氷《うおこおり》をいずる」が訪れて、その後の四月に「立夏」はやって来ます。

二十四節気は季節の〝節〟のようなものだと考えてください。「立夏」の後は「小満」

「芒種」「夏至」「小暑」「大暑」と続き、節を迎えるごとに秋になり、冬に近づいていきます。その節と節の間に起こる自然の変化、営みが七十二候です。

秋の最終月となる九月の記述も見てみましょう。「九月秋となって、草木の葉黄ばむ。雨も降らなくなる。虫たちが土の中に入り、声も聞こえなくなる。霧が降り、寒風が起こる。菊の花が咲き、栗が赤らむ。鮭・鮎さびれ、川々より海に下る。九月の終わりには、サザンカが満開となる（中略）。秋の末、土用に入ると初冬が近い。麦をまく」とあり、急に秋が深まる様子が描かれます。

昔の冬は今より寒かったと聞きますが、『百姓伝記』からもその様子が伝わってくるようです。次の十月からは「立冬」となります。

そして再び十二月です。「十二月、大寒に至る。氷が田畑をかたくして、霜柱多く立つ。その様子はまるで魚のうろこのようである。鶏は巣に入り、カラスは枝の上に巣をかけようとする。枯れ木を家に運ぶ。節分が近い」

これで一年が終わります。

最後にこんなおまけの文章が付いています。「四季の土用にはネズミが子を産むなり（四季の終わりの土用の期間はネズミが子を産むので気を付けよう）」。

『百姓伝記』を読んでいると、梅雨がやってきたり、蛍や蚊が発生したり、夕立が発生しやすくなったり、今の私たちにもなじみのある季節の変化が描かれており、とても興味深いものです。また、霧の行方を観察しながら明日の天気予報をするといった歌も詠まれており、農民の知恵が随所に現れてきます。

暦を知ることが大切なのではなく、あなたが畑仕事や日常の中で体感する風の音、雨の強さ、虫や鳥の声、そういったものから学ぶ季節の変化、そして知恵が大切なのだと伝えてくれるように思います。

月の満ち欠けと畑仕事

旧暦は、一七ページでも書いたように、月の満ち欠けを一カ月の単位とします。月の満ち欠けは、人間の出産などの生理や潮の満ち干など自然の動きにも連動します。この考え方は、のちに私が関心を持ったヨーロッパの有機農業・シュタイナー農法（バイオダイナミック農法）にも似たような記述があり（月の満ちる時は種をまく、つまり栄養生長の周期。月の欠ける時は収穫、つまり生殖生長の周期という考え方）、国が変わっても人間は同じことを考えるものだと感心しました。

ここで、月の満ち欠けに合わせた畑仕事の基本の考え方を紹介しておきます。

植物の生長は、月の満ちる新月から満月の期間（一九ページイラスト参照）は葉や根、茎が大きくなる栄養生長が盛んになり、逆に月の欠ける満月から次の月の新月までの期間は、花が咲いたり実が生ったりする生殖生長が盛んになると考えられていました。

そこで畑仕事では、まずは仕事の区切りを旧暦の一カ月に合わせます。つまり新月から始まって満月を経て、次の新月で一区切りと考えるのです。そうすると、前月の満月が過ぎた頃、翌月の手順を考えます。「来月はダイコンの種をまこう」と思ったら、前月の満月の頃から畑を耕して種まき前の準備を始め、新月が来たら種まきを行います。

追肥を行う時も、この追肥は何のための肥料かを考えます。追肥には葉肥《はごえ》（栄養生長のための肥料）と実肥《みごえ》（生殖生長のための肥料）と二つの役割があるといわれています。葉肥をやるなら新月から満月の間に、実肥をやるなら満月から次の新月の間に与えます。ダイコンは根菜類ですから栄養生長を促したい、つまり葉肥ですから、追肥は新月から満月の間に与えます。

根に空気を与え、除草する中耕除草の作業も、葉菜類・根菜類は新月から満月の間に行い、果菜類は満月から次の月の新月に行います。

草取りをするなら、栄養生長の盛んな新月から満月の間に、摘果や花がらを摘むなら、生殖生長の盛んな満月から次の新月の間に行います。

葉や根のためか、実のためか、と考えて作業の適期を割り振るとよいでしょう。

しかし、実際にやってみると、新月の種まきなどは成功例が多く理にかなっているとはいえ、収穫は満月を待って行おうとしても、トマトやキュウリは毎日大きくなるし待っていられないといった時もあるでしょう。そこは、実際に行うなかで、有益な部分を取り入れる。よい意味で「いい塩梅《あんばい》」で行うことをお勧めします。何しろ旧暦は、何年かに一度実際の暦との調整のため、閏月を入れて調整する暦です（私も閏七月があった年には秋野菜をいつまくか迷いました）。

先に述べた『百姓伝記』（四季集）にも「年の内　春は来にけり　一年《ひととせ》を　去年《こぞ》とやいわん　今年とやいわん」という歌があります。旧暦の十二月中に春が来てしまった年の瀬を、去年というのだろうか、今年というのだろうかという意味です。曖昧さをよしとする旧暦や農書ですから、月の満ち欠けで畑仕事をする際にも、「満月に　まきどき来たり　ひと月を　まくとはいわん　まかずとはいわん」の気持ちでおおらかに行きましょう。

旧暦を知り、月を見て、ミミズとたまに挨拶をし、畑にのんびり立つと、何か地球がメッセージを伝えてくれる気がします。それに旧暦は新暦よりもひと月ほど遅れてやってくるのがいい。スピード重視の現代でも、畑では自然と歩調を合わせたいものです。

本書では毎月の畑仕事を、旧暦と農事暦とを念頭に置いて書いています。先人の知恵から学んだことを中心に「季節のめじるし」を書きました。あなたの身の周りの花や鳥など身近な自然からのメッセージを感じてください。「〇月の畑仕事」では、その月に行うべき主な畑仕事をあげました。関東を基準に記載していますから、お住まいの地域によって調整してください。「野良《のら》まわりのヒント」では畑でのスロー&シンプルライフに役立つ事柄を記載しました。「畑仕事に生かす農書の知恵」では、『百姓伝記』の記述を中心に、農書からどのような知恵が読み取れるのか、私なりの考えを書きました。農書をまだ読んだことのない方は初級の入門編として参考にしてください。

ぜひ、これからの日々の暮らしを、畑（自然）との対話の一年にしてください。夜、日に日に満ち欠けする月と対話し、時間を感じ、宇宙を感じます。昼は畑をまわり、土と対話し、植物と対話し、季節とともに咲く花と対話する。「野を良くする」と書いて「野良」といいます。明確な目的や仕事がなくても先人たちは野良まわりをしました。「ちょっと畑を見てくる」「ちょっと田んぼの水を見てくる」と野に出かけ、畑や田んぼと会話をしたのです。そして相手の塩梅を見ながら手入れをしていたのです。

菜の花や月は東に日は西に　与謝蕪村

忙しい毎日の職場の生活からしばし離れて、畑ではのんびりと作業後の月の満ち欠けを見て、暦を感じる生活をしてみませんか。

畑仕事の十二カ月

一月

農事暦をつけよう

シンプルな暮らしとは何でしょう。
シンプルな畑とは何でしょう。
それは自然の時間の中で、
野菜たちと会話しながら
ゆっくりと暮らす
生活を意味しています。
その毎日の会話の記録が農事暦です。

一月の主な作業

◎**小寒の頃**　農事日記（記録）をつけ始める。堆肥積《つみごえ》みと切り返し。

◎**大寒の頃**　【**野菜**】ハクサイ、キャベツ、ホウレンソウ、ネギ、コマツナ、ダイコンなどの収穫。温床《おんしょう》を作り始める。暖地ではキュウリ、ナス、トマト、ピーマンなど、半促成栽培の種まき。【**果樹**】リンゴ、ブドウ、モモ、ナシ、カキ、クリなどの落葉果樹の剪定《せんてい》、整枝《せいし》。【**花**】ボタン、バラなどの落葉花木類の剪定。

【一月の農事暦】

※日付はおおよその目安です

1	2	3	4	5	6	7	8	9	10	11	12
					◎小寒 ★旧暦12月1日頃	芹すなわち栄え			水温かをふくむ		

13	14	15	16	17	18	19	20	21	22	23	24
		雉始めて鳴く						◎大寒	フキの花咲く		

25	26	27	28	29	30	31	2/1	2	3	4	5
沢水凍りつめる					鶏始めて鳥屋に就く						

暦解説

小寒《しょうかん》
この日に「寒の入り」。その先の節分までが「寒の内」。寒さが厳しい頃

芹《せり》すなわち栄《さか》え
冬の寒気の中で、セリの葉がみずみずしく葉を開き始める

水温《あたた》かをふくむ
土の中に陽気が生じ、泉の水が湧き出し始める

雉《きじ》始めて鳴く
キジの雄が雌を求めて鳴き始める

大寒《だいかん》
一年のうちでもっとも寒さが厳しい時節

フキの花咲く
フキノトウの蕾《つぼみ》が開き始める

沢水《さわみず》凍りつめる
沢の水がびっしりと凍りつめる

鶏《にわとり》始めて鳥屋《とや》に就《つ》く
ニワトリが産卵のために小屋に入る

季節のめじるし

松竹梅…よい春が来ますように

一月あけましておめでとうございます。でも旧暦ではまだ十二月、旧正月は大寒の後の新月（朔《さく》）から始まります。

おせち料理を食べながら今年の畑の目標を立てましょう。おせち料理でレンコンを食べるのは、先の見通しがよくなるようにと縁起を担ぐからです。黒豆を食べてマメマメしく健康で働き、田作り（五万米《ごまめ》）を食べて豊作を祈願（昔は片口鰯《かたくちいわし》が田んぼの肥料だったことから）しましょう。

新春を彩る植物は「松竹梅」。松と竹は常緑樹の代表です。昔の人はその葉に永遠の命や若さを感じていました。お正月の門松はこのことに由来する飾りです。梅はその年にいちばん早く咲く花木、立春に咲き誇り春を知らせます。

関東を中心に十二月から二月中旬に咲く「早咲き」、二月上旬から三月上旬に咲く「中咲き」、二月中旬から四月中旬に咲くのが「遅咲き」。あなたの庭の梅はいつ頃春を伝えますか。

一月の畑仕事

畑も今は農閑期、ゆっくりと準備を始めます

一日の計は鶏鳴《けいめい》にあり。一年の計は正月にあり。つまりその年の栽培計画を立てる月です。でも、これは旧暦一月の話であり、新暦でみると二月の作業に当たります。具体的な栽培計画については二月で取り上げることにして、今月は記録（日記）をつけることを勧めるだけにしましょう。

できれば五年連用や十年連用の日記をつけましょう。記入するのは天気とその日の農作業、購入した種や肥料、道具とその値段。三年目を過ぎた頃から、あなただけの農事暦として大変役立つようになります。

◎**一月上旬**…農事暦では、一月六日(頃)は小寒《しょうかん》。『芹《せり》すなわち栄え。水温《あたた》かをふくむ。雉《きじ》始めて鳴く』とあります。この時期は堆肥《つみごえ》と土肥を作る。つまり土作りの季節です。気温が低く害虫の発生も少ないので、堆肥を作るのに適しています。ただし、雪の積もる地域は例外です。

◎**一月中旬**…一月二十一日(頃)は大寒《だいかん》。『フキの花咲く。沢水凍りつめる。鶏《にわとり》始めて鳥《と》

屋《や》に就《つ》く（産卵のために小屋に入る）』とあります。この頃、野菜栽培はあまり仕事がありません。昔は麦に追肥をし、麦踏みを行う時期でした。一年の中でもっとも暇な時期、道具などをしっかり手入れしましょう。少し高価でも、よい道具を買って大切に長く使うこともスローライフです。

◎**一月下旬**…畑仕事はまだお休み。庭木の根接ぎやバラや果樹などの取木《とりき》はこの頃から二月下旬まで。ミカンの剪定《せんてい》もこの時期です。

植物栽培は土が基本

土を作っていますか。最近は園芸店でたくさんの栽培用土が売られていますが、これはいってみれば土のファストフード。できれば土のスローフードに挑戦してみましょう。といっても土作りは大変な作業。自然界でも森で一センチの表土ができあがるのに百年の歳月が必要になります。そんな大切な土を私たちはコンテナなどで使用し、肥料が切れると残土として捨ててしまいます。自分の使用する土を森の土と同じように永久に使い続けるには手入れが必要です。土作りは大切で「植物栽培は土が基本、光と水が管理」といわれます。一度植え付けると土だけは入れ替えることができないからです。

野菜の根と土との関係をまとめてみましょう（四〇ページ図表2も参照）。

①地中に深く伸びる根は野菜の地上部をしっかりと支える。…**耕土の深さ**
②野菜の根は吸収した水と栄養分を植物上部へ運び、よい実を作る。…**水・栄養（肥料）**
③野菜の根は野菜自体の生長のために呼吸を行っている。…**水はけ**

となります。

よい根を作るには、根が空気を取り込みやすく通気性のよい、水はけと水もちのよい土が必要です。あなたの畑の土を調べてみましょう（四〇ページ図表3）。よく園芸書では団粒構造の土がよいと書かれています。畑の土を手のひらで握って開いたあと、固まりになっていた土が、手で触ると簡単にホコッとくずれるのが団粒構造の土です。水はけ（通気性）と水もち（保水性）に優れた団粒構造にするためには、有機物（堆肥・腐葉土・ピートモス）を加えることが大切です。

このとき勘違いしていけないのは、腐葉土やピートモスは土を団粒構造にしますが、肥料にはならないということです。庭の枯れ葉をいくら畑に入れても、それが土壌微生物に分解されなければ肥料にはなりません。自然界ではそうやって肥料に富んだ表土が一センチできるのに百年かかるのです。

あなたの畑の酸度（pH：ピーエイチ）を測定してみましょう。野菜の多くは地中海やアンデス山脈など岩場が原産地で、弱酸性（pH五・五〜六・五）を好みます。日本の土壌は火山灰が多く、雨も多いため酸性（pH五〜五・五）です。畑が酸性の時はpHを高めるために苦土石灰をすき込みます。目安はpH〇・五上げるのに、土一リットル当たり苦土石灰二〜三グラムです。有機物や石灰分をまいて鍬やスコップで耕すことが、園芸（horticulture《ホルティカルチャー》）の基本です。文化（culture）は、辞書を引くと、耕す（cultivate《カルティベイト》）と同意語で、この言葉から園芸は生まれました。耕すことから園芸を始めましょう。

図表2　野菜の根と土の関係

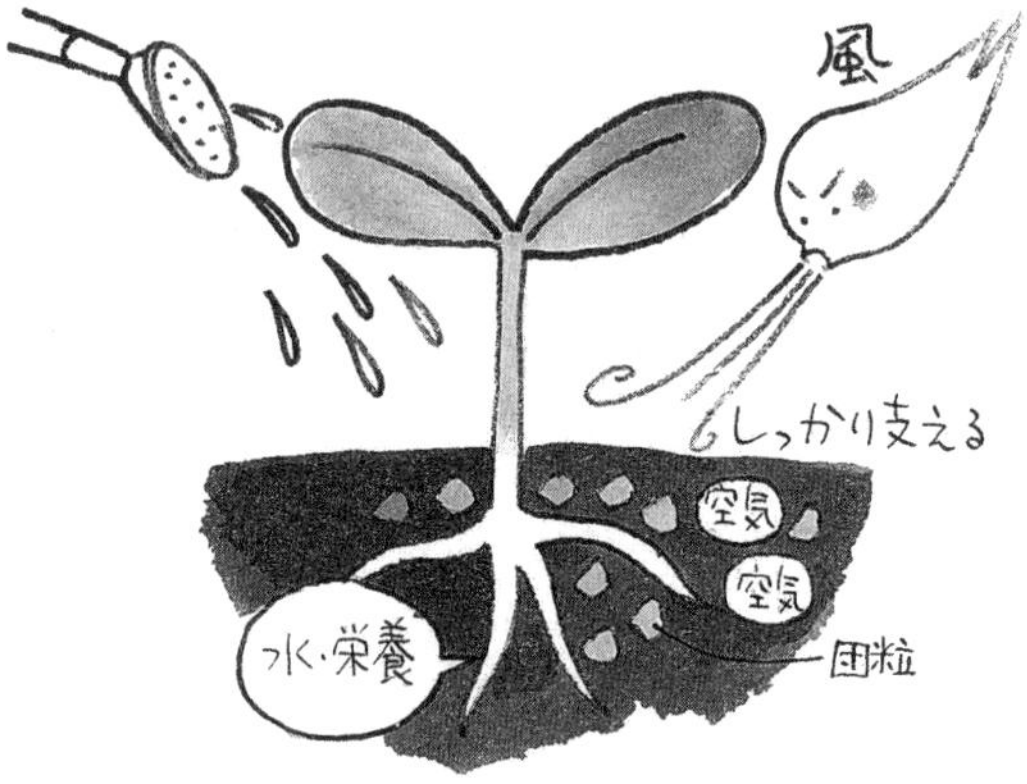

図表3　土の構成を調べる

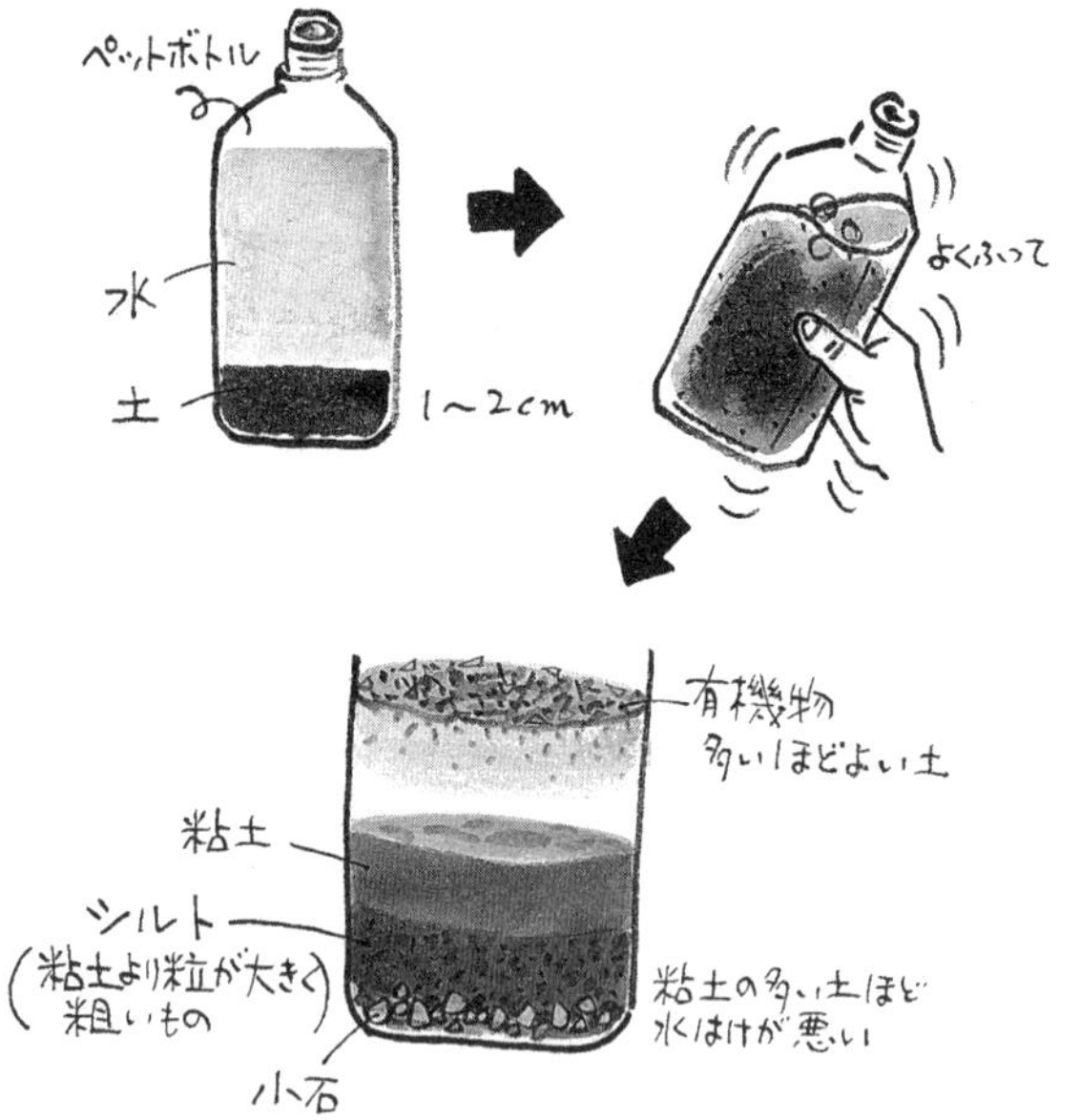

野良まわりのヒント

食べ物の「旬」を知る

旬は辞書を引くと「出盛りの時期」とあります。食べ物が市場にもっとも多く出回り、美味しい時期のことです。しかし、最近は一年を通して出回るものも多く、ニンジンやダイコンなどは市場では旬と呼べる時期がないのが現状です。

ここでは露地栽培の出回り時期を中心に、主な野菜・果物の旬をあげてみました（四二ページ図表4）。春キャベツのように美味しい時期と旬がずれているものもありますが、皆さんの食生活の参考にしてみてください。ここにあげた時期の前後一カ月半が旬の野菜の目安です。本来は旬という言葉は魚と植物に用いるものですが、ここでは魚については割愛しました。

このようにあげてみると、実を食べる果菜類は「夏野菜」、葉菜・根菜類は「冬野菜」、花を食べるブロッコリーやカリフラワーは花の咲く節分前などと、法則があるのがわかります（四二ページ図表5）。植物のライフサイクルに合った栽培が、旬の野菜を作る方法なのです。

図表4　主な野菜、果物の旬

	上旬	下旬
1月	ダイコン、コマツナ	シュンギク、ホウレンソウ
2月	ネギ、キョウナ	ワケギ、ユリ根
3月	ナノハナ、山菜、キンカン	ニラ、サンショウ
4月	タケノコ、サヤエンドウ	アスパラガス、ミツバ、ナツミカン
5月	タマネギ、春キャベツ（※1）	イチゴ、ゴボウ、ニンニク、春ジャガイモ
6月	ウメ、シソ、グリーンピース（※2）	サクランボ、サヤインゲン、エダマメ、ソラマメ
7月	キュウリ、トマト、ナス、スイカ	ショウガ、ラッキョウ、トウガン、チンゲンサイ
8月	レタス、ミョウガ、ピーマン	シシトウ、ブドウ、モロヘイヤ、アシタバ、スイートコーン、セロリ
9月	カボチャ、ナシ、サツマイモ	秋ジャガイモ、オクラ
10月	クリ、カキ	サトイモ、キノコ類
11月	ニンジン、リンゴ、レンコン	ヤマイモ、ブロッコリー
12月	ハクサイ、ミカン	カブ、カリフラワー、クワイ

※1 本来は冬が旬だが、やわらかいのはこの時期　※2 エンドウの実だけを食べるもの

図表5　植物のライフサイクルと旬

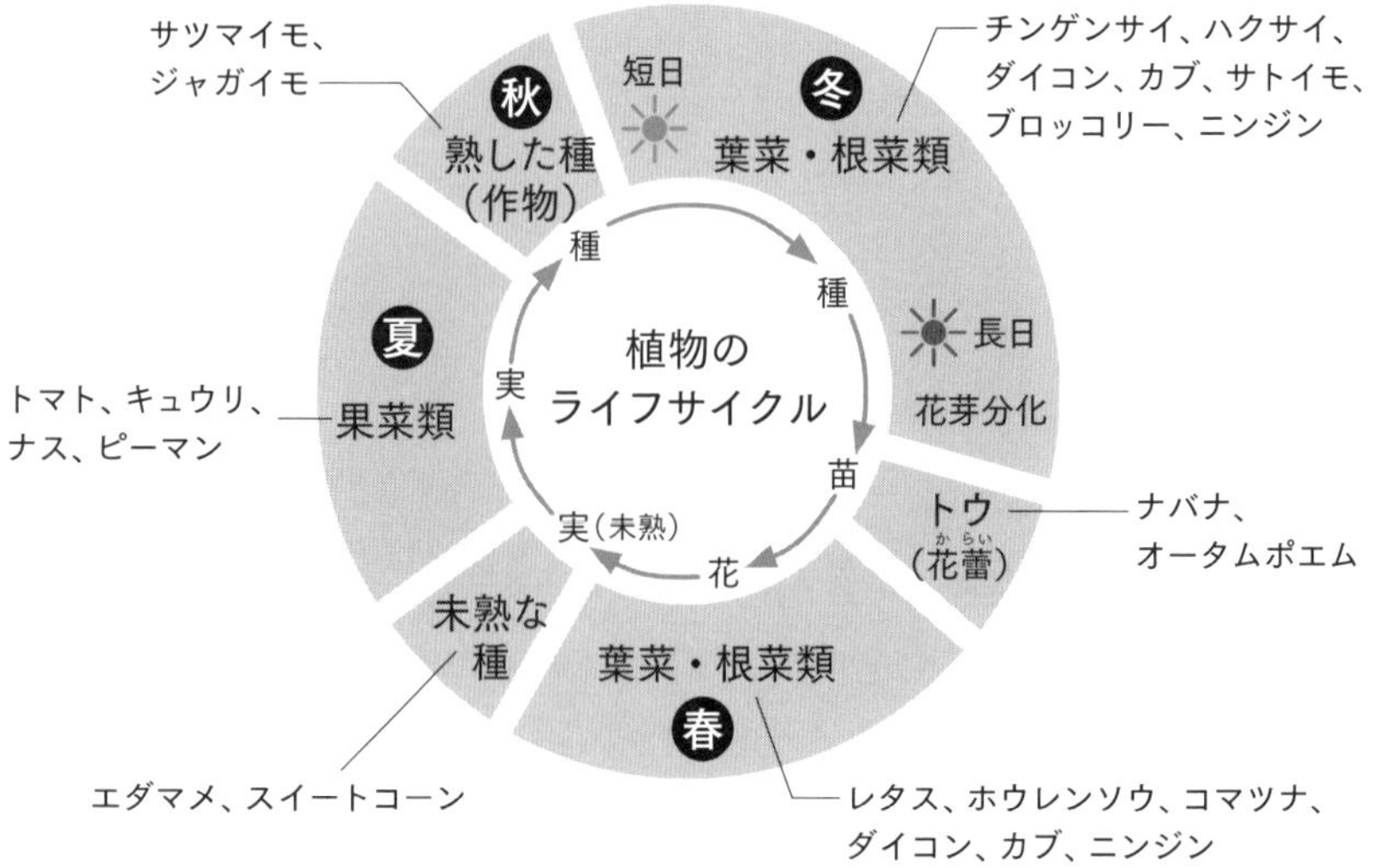

一月
畑仕事に生かす農書の知恵

「そもそも春夏秋冬を四季という。一つの季節は七十二日ずつで、七十二日の後に十八日の土用がある」（『百姓伝記』巻一「四季集」より）

最近、私たちの暮らしから季節の感覚が遠のいているように感じます。まずは一年の初めとして、季節について学びましょう。

季節の七十二日に土用の十八日を加えると、九十日。四つの季節を掛けると三百六十日です。これに、旧暦で使用される太陰太陽暦では大の月（三十日）と小の月（二十九日）で調整をして一年を回します。それでも新暦（太陽暦）の大の月（三十一日）と小の月（三十日）と比べるとずれが大きく、何年かに一度は閏月《うるうづき》を入れて調整をする必要があるのですが。

でも旧暦はとてもシンプルです。季節も一～三月は春、四～六月は夏、七～九月は秋、十～十二月は冬と季節にも迷いがありません。季節という時間は、竹のように伸びて、節ごとに区切りを迎えます。

『百姓伝記』の作者は「四季集」で四季の定義を明確に述べたうえで、こう説きます。

「読み書きをする知識人は、暦を見て、季節を理解し、四季や節を知るのであるが、知識のない人にはそれはかなわない。私たちは朔日《さくじつ》（一日：新月の夜）から三日月を拝みその形を覚え、十四日から十六日の満月を拝みその形を覚え、春と秋の彼岸には太陽の日差しを覚え、四季の星座を覚え、十二カ月の何月には山のどのあたりから星が昇り、西の山の端には何月何日の何時頃日が落ちるのかを知るようにしよう。春分と秋分の日には同じ長さの竹の棒を立て影の長さを覚えよ、竹の棒の先に絹の布を付け、東西南北に吹く風のこころを見なさい」

作者は私たちに「知識」を与えたあとで、「知恵」を大事にしなさいと伝えています。

二月

栽培計画を立てよう

あまりの寒さに外套《がいとう》をもう一枚着る如月《きさらぎ》（衣《き》更《さら》着《ぎ》）。
外はまだ寒いですが、暖かい服装で
畑に出かけましょう。新鮮な冷たい空気を
胸一杯に吸いこんで、畑仕事を始めます。
しばらくすると汗ばむほど体が温まってきます。
家の中ではその年の栽培計画を立てましょう。
スローライフの農業生活はもう始まっています。

二月の主な作業

◎**立春の頃**　**【作物】**近畿、中国、四国、九州はジャガイモの植え付け。**【野菜】**暖地では春まきハクサイの種まき。**【果樹】**落葉果樹の剪定《せんてい》、整枝《せいし》。ブドウやキウイフルーツの誘引《ゆういん》。**【花】**バラやボタンの剪定。

◎**雨水の頃**　**【野菜】**暖地では四月から五月に収穫するコマツナやホウレンソウの種まき。中晩生のキャベツ（秋の遅まき）は定植。**【果樹】**落葉果樹苗の定植。ブドウやウメの接木《つぎき》。ミカン園などでは暗渠《あんきょ》掘り。カイガラムシの駆除。**【花】**落葉花木類の移植や、バラ、モミジ、サクラ、ヤナギなどの接木。

【二月の農事暦】

※日付はおおよその目安です

日付	農事暦
1	
2	
3	◎節分
4	◎立春 ★旧暦1月1日頃
5	
6	東風氷を解く
7	
8	
9	ウグイス鳴く
10	
11	
12	
13	
14	魚氷をいずる
15	
16	
17	
18	
19	◎雨水
20	
21	土脈潤い起こる
22	
23	
24	
25	霞始めてたなびく
26	
27	
28	
29	
3/1	草木萌えうごく
2	
3	
4	
5	
6	
7	

暦解説

節分《せつぶん》
四季の分かれ目。立春・立夏・立秋・立冬前日

立春《りっしゅん》
旧暦ではこの日が一年の初め。この日から立夏の前日までが春

東風《はるかぜ》氷を解《と》く
東から吹く春の風、氷を解かし始める

ウグイス鳴く
里でもウグイスが鳴き始める

魚氷《うおこおり》をいずる
氷の下に隠れていた魚も春の兆しを感じ、出てくる

雨水《うすい》
空から降る雪も雨に変わる。積もった雪も解けて流れる。農耕の準備を始める目安

土脈《どみゃく》潤《うるお》い起こる
潤いとは雨が降って湿気があること。凍っていた土が陽気で湿り気を帯びる。この頃降る雨が春雨

霞《かすみ》始めてたなびく
春めいて空に霞がたなびく

草木萌えうごく
萌えうごくとは草木が芽吹く様子、その色が萌黄色

季節のめじるし

梅の花が咲いたら…ジャガイモを植え付けます

春告鳥《はるつげどり》（ウグイス）がさえずっています。餌《えさ》になる虫が僅《わず》かですが里にも出てきたので、山の鳥が里に下りてくるのです。

梅の花が咲いたら、植物にも春のスイッチが入ります。あなたの周りで、小さな春が動き始めます。立春が来て旧暦のお正月を迎えます。本当の新春が始まります。

梅の花が咲いたら、ジャガイモの植え付け。落葉の果樹や花木の移植、接木《つぎき》の目安でもあります。冬から春への生命力の高まりを農耕でも利用します。

「梅の花が上を向いていたらその年は空天気《からてんき》（雨が少ない）、横を向いていたら雨は平年並み、下を向いていたらその年は雨や台風が多い」と教えてくれた老農がいました。あなたの庭の梅の花はどうですか。

二月は旧暦の春の七草をいただく月、つまり畑に野草が芽吹き萌えいずる月です。耕作前に畑に堆肥《つみごえ》を施して一度耕しておくと、あとの除草が楽になります。寒気の中で土を掘り起こし土を寒気にさらして、害虫を殺します。穀物と一緒に畑も寒ざらししましょう。

二月の畑仕事

記録を残して毎年の計画を立てましょう

二月は旧暦での元旦、お正月です。農家の収穫がすっかり終わり、当然ながら暇なので、畑の水はけをよくするための暗渠《あんきょ》（四八ページ図表6）をふせこんだり、害虫を食べてくれるツバメが巣を作りやすいよう軒先に板を打ち付けたりします。

◎二月上旬…農事暦では、二月三日（頃）は節分、二月四日（頃）は立春《りっしゅん》。『東風《はるかぜ》氷を解《と》く。ウグイス鳴く。魚氷《うおこおり》をいずる』とあります。畑が凍らなくなったらジャガイモの植え付けやシュンギクの種まきをこの時期から三月下旬までに行います。早生《わせ》ナスや早生キュウリの種を温床（霜の降りない暖かい場所）にまきます。夏カブはこの時期から三月中旬までがまき時です。

ブドウやキウイなどの不要なつるを剪定します。落葉樹の移植は冬からこの時期までにします。

◎二月中旬…二月十九日（頃）は雨水《うすい》。『土《ど》脈《みゃく》潤《うるお》い起こる。霞《かすみ》始めてたなびく。草木萌えうごく（新芽が芽吹くさまを萌えるという）』とあります。この頃に庭木のむだ枝を刈り込み、小さくチップ状にしておきましょう。あとでマルチング材として使用できます。

ダイダイ、ユズ、モモ、クリなどを種から育てる場合はこの時期にまきます。ブドウ、レンギョウ、ザクロ、ヤナギなどの挿《さ》し木もこの時期です。

◎**二月下旬**…暖かい地域では春まきハクサイ、四、五月収穫のコマツナやホウレンソウをまきましょう。昨年の秋にまいた中晩生の遅まきキャベツは植え付けの時期です。

ナシ、アンズ、モモの苗木を植え付けします。モモ、プラムなどは三月上旬までに接木《つぎき》をしましょう。二月は果樹や庭木の挿し木の時期、色々なものに挑戦しましょう。

図表6　畑の水はけをよくする暗渠と明渠《めいきょ》

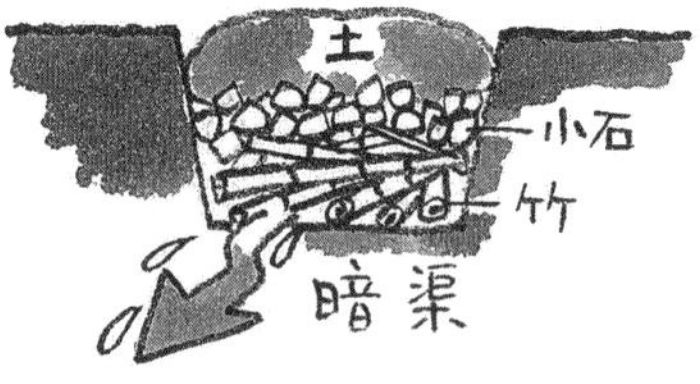

水はけの悪い畑は、地面の50㎝ほど下に、竹や石を敷き、地下の雨水を抜く溝を作る。

雨水が流れるように溝を掘る。

畑の畝間は明渠。水はけのよい畑になる。

畑のゾーニング

この月に畑の栽培計画を立てましょう。種のカタログを用意して、ストーブの前やコタツで、少し大きめの紙二枚と色鉛筆を用意します。

一枚目の紙にはあなたの畑の平面図を描きます（五〇ページ図表7）。東西南北と畑の外形を描いたら建物や樹木を描き込み、朝日の当たる場所、夕日（西日）の当たる場所、日陰、風の通り道を描き込みます。そして、それぞれの特徴から畑をいくつかのブロックに分け（これをゾーニングといいます）、ブロックごとに作付け計画を立てます。

二枚目の紙は二月から翌年の一月までを、月ごとに上旬・中旬・下旬の三つに分けて横軸にします。縦軸は先ほどのブロックに分けた畑をおきます（五〇ページ図表8）。

育苗場《いくびょう》（ナーサリー）を別におくか、畑に直《じか》に種をまくかによって違いますが、種まき、定植、収穫など自分のオリジナルの記号を作って記入していきましょう。野菜作りの参考書や種の袋の裏を見て、記入していきます。

五年連用日記などをつけていると昨年の反省点がわかってきます。過去の記録を見ながら毎年微調整していきましょう。

図表7　畑のゾーニング

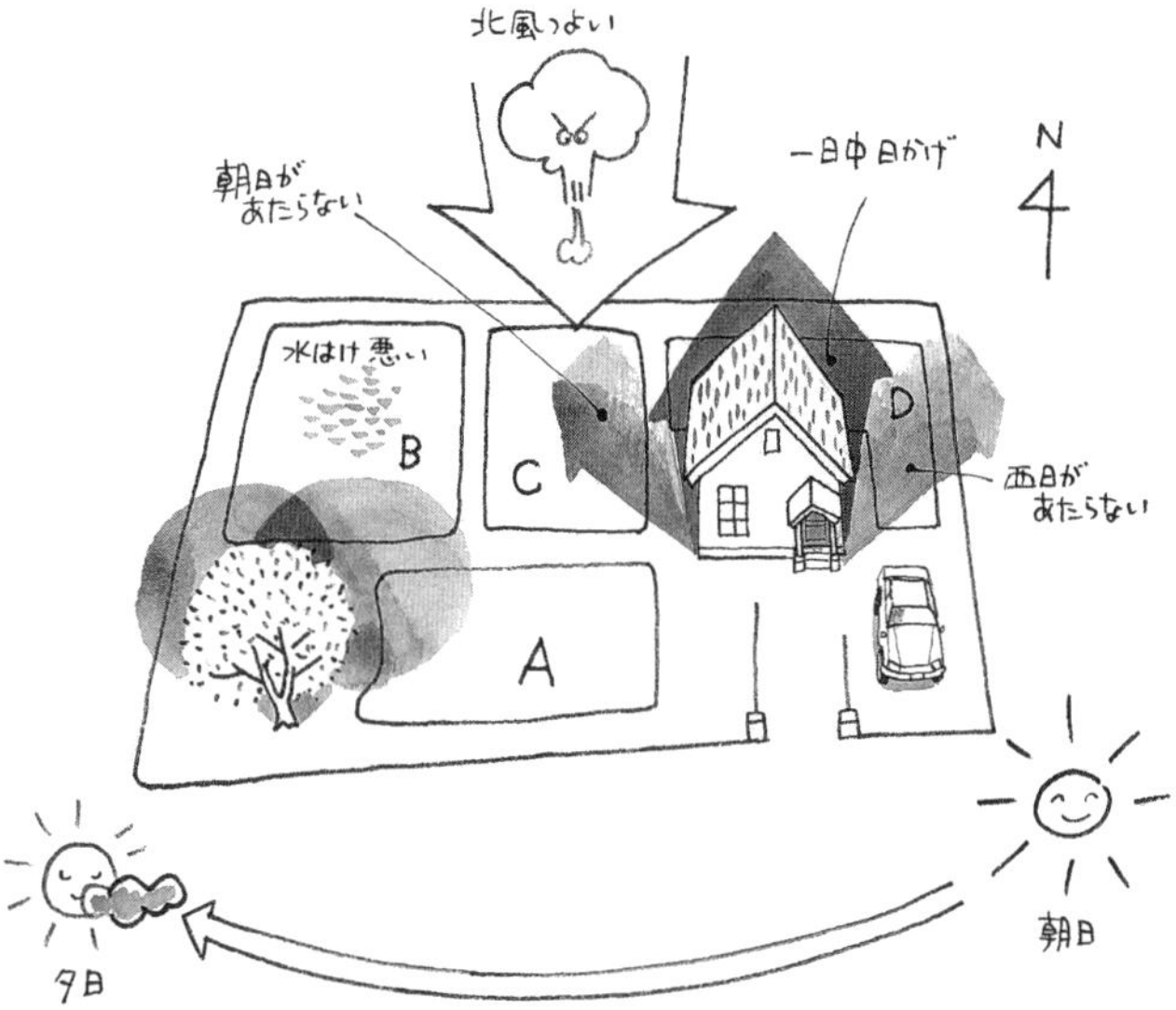

図表8　畑の年間計画

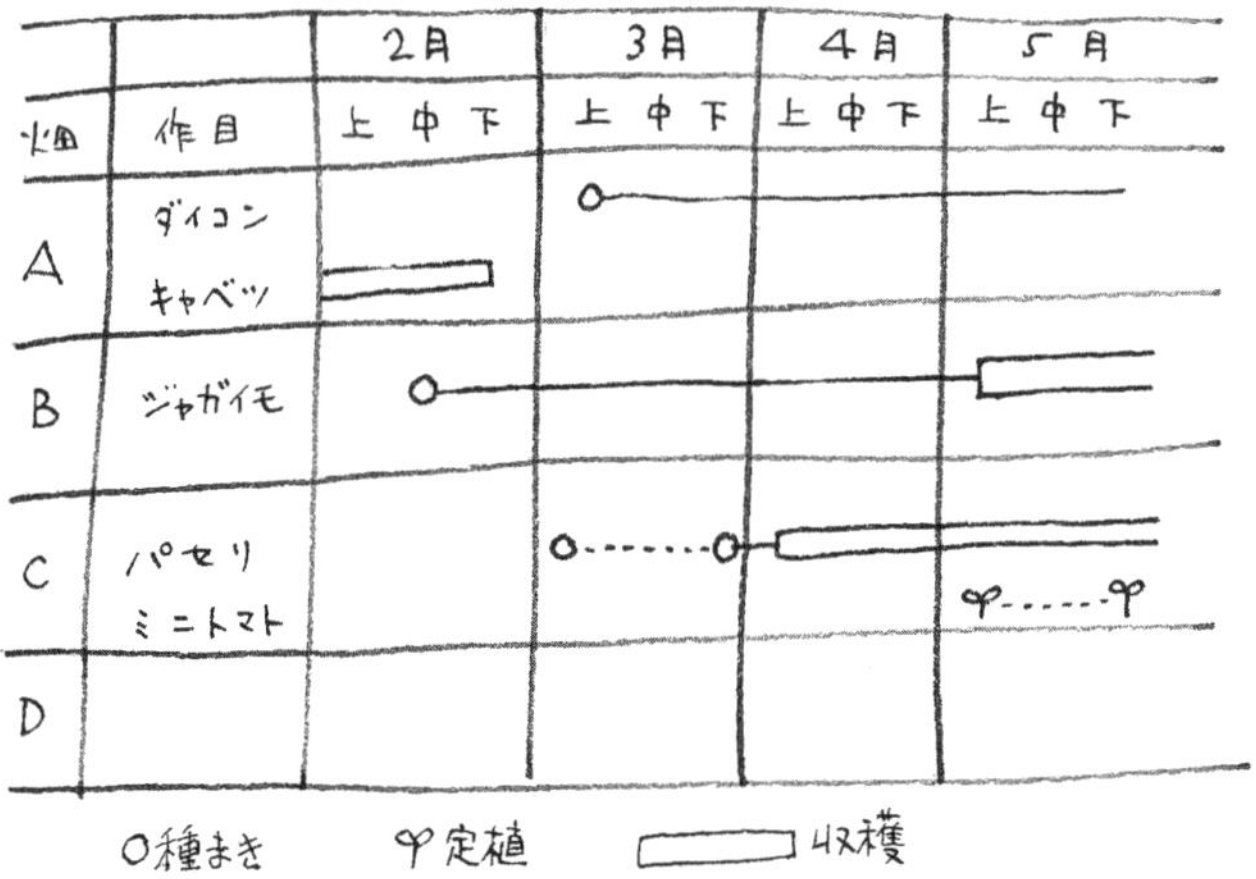

野良まわりのヒント

春の七草を畑に植えよう

旧暦一月七日は人日《じんじつ》の節句。七草粥《ななくさがゆ》を食べることから「七草の節句」ともいいます。七草は「せりなずな御形《ごぎょう》はこべら仏《ほとけ》の座《ざ》すずなすずしろこれや七草」の歌で有名です。かつては、正月の松の内が明ける朝に、畑から七草を摘み、「七草なずな、唐土《とうど》の鳥が、日本の土地に、渡らぬ先に……」と歌いながら包丁で叩き、刻んだ七草をお粥にしました。その年一年の無病息災を祈って食べるのです。萌える新春の芽吹きを食べる。本来は冬のビタミン不足を補う目的ではなかったでしょうか。

今の世でも流行《はや》っているインフルエンザも、中国大陸から渡ってくる冬鳥が豚などの家畜からウイルスを運んでくるといわれています。唐土の鳥が渡らぬ先に、私たちも七草粥で健康な体を作りましょう。

春の七草はセリ、ナズナ（ペンペングサ）、ゴギョウ（ハハコグサ）、ハコベラ（ハコベ）、ホトケノザ（タビラコ）、スズナ（カブ）、スズシロ（ダイコン）の七種です。これらには薬草としての効果も伝えられていて、セリは子どもの解熱、止血、ゴギョウは咳《せき》や痰《たん》、ハコベラは歯ぐきの出血や歯痛、スズナは便秘やしもやけ、スズシロは消化促進、解熱、二日酔いなどにも効果があります。しかし、薬効があるといわれる七草も、今ではスズナ、スズシロ以外は畑や田んぼの雑草です。

今年は、畑でとれる冬の野菜から七種選んで「あなたの七草」を食べてみましょう。たとえば、ミツバ、レタス、シュンギク、キャベツ、コマツナ、ハクサイ、セロリ、ホウレンソウ、ネギなどはどうでしょうか。冬に不足するビタミン類は水溶性のものが多いので、煮汁も一緒に食べるお粥や雑煮はビタミン補給にはとてもよいのです。昔の人の知恵にはすばらしいものがありますね。野菜の少ないこの季節に、みずみずしい七種類の野菜があなたの畑に揃っていたらすてきです。

七草粥の作り方

①米を研ぎ、米一に水七の割合で、フタ付きの鍋に入れて、強火でひと煮立ちさせる。
②フタをずらし、弱火で約三十分炊き、火を止める。
③きれいに洗って刻んだ七草を用意する。
④塩を粥に加えて七草を入れ五分ほど蒸らす。
※ビタミン補給が目的ですから七草はあまり熱を加えすぎないのがコツ。

トウを食べよう

二月の終わりから三月の初めにはフキノトウが顔をのぞかせます。フキの花蕾《からい》です。フキに比べてビタミンAが一五倍もあります。さらにカロチンやビタミンB_1やB_2も豊富。にがみのもとはカリウムや、今話題のポリフェノールです。タンパク質や糖分も豊富でまさに優良食品です。天ぷらや味噌あえにして食べます。

フキはキク科なので、地下茎を切って半日陰で栽培すると増やすことができます（五四ページ図表9）。適期は八月末から九月頃です。挑戦してみてはどうでしょう。山菜としてとられたものよりも、畑で栽培したもののほうがやわらかくて食べやすいですよ。

この時期に黄色い花を咲かせる菜の花も蕾《つぼみ》を食用にします。花の咲いていないものを選び、ゆでて食べますが、ホウレンソウと同等のカロチンを含み、カルシウムは三倍、ビタミンCやB_2も豊富。鉄分はニラの四倍も含まれます。ビタミンが溶け出さないようサッとゆでるのがコツです。

菜の花以外にも、ダイコンやハクサイなどの冬の葉菜類や根菜類のトウ（花蕾）が畑にあったら食卓にのせてみませんか。栄養豊富で味にもバラエティーがあるトウにこの季節は注目です。

図表9　フキの株分け

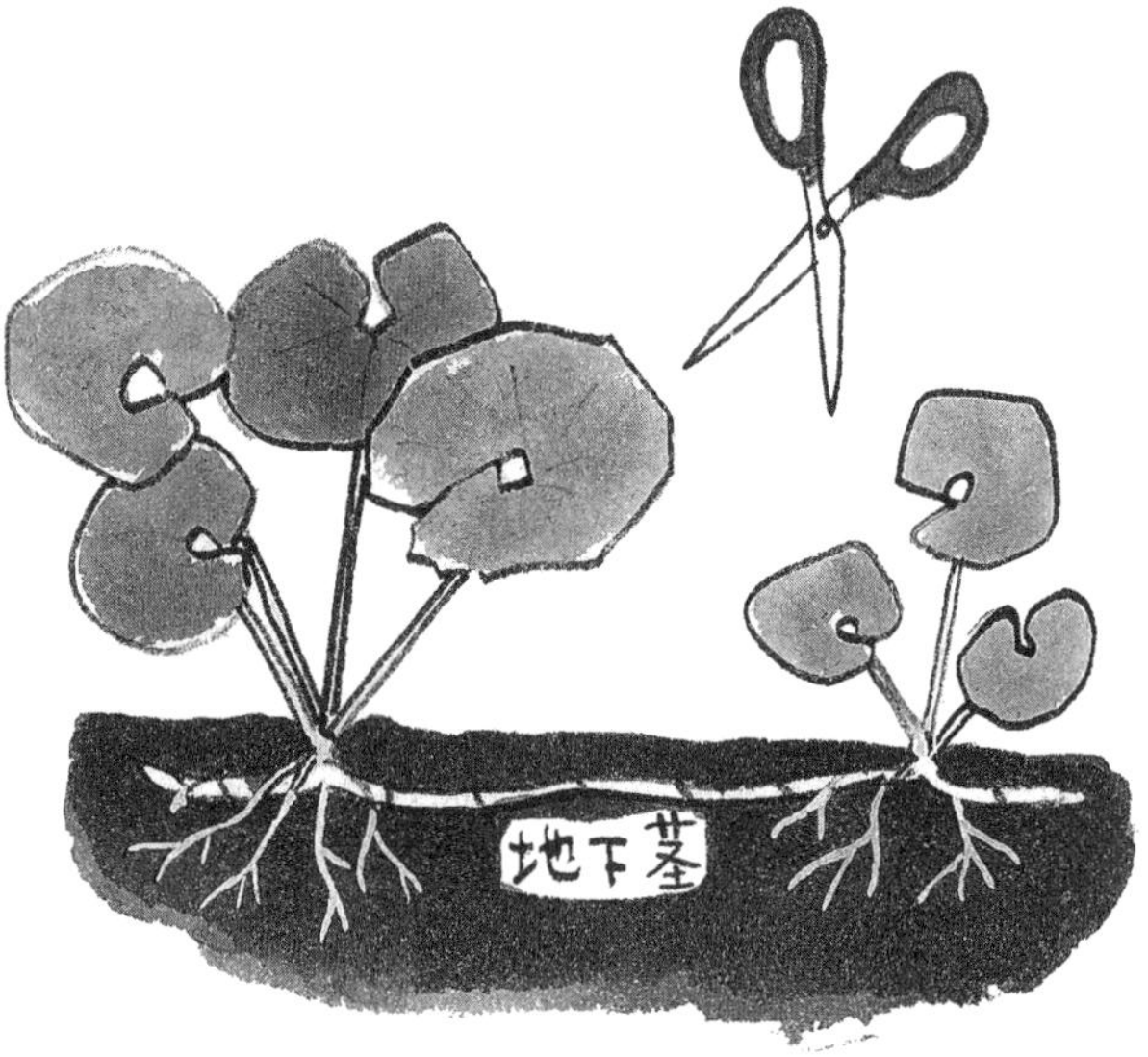

①地下茎を掘り上げて、2～3節をつけて、15～20㎝の長さに切る。

② 30㎝間隔で植え付け、4～5㎝覆土する。

二月

畑仕事に生かす 農書の知恵

『百姓伝記』は全部で一五巻あります。文庫本で二冊のボリュームですが、目次の構成が変わっています。

巻一は「四季集」で、季節の定義と一年十二カ月の自然界の流れを説明し、巻二「五常之巻」で、儒教の「仁義礼智信《じんぎれいちしん》」、つまり人の守るべき五つの道を説きます。巻三「田畠地性《たはちせい》論」で畑の特性について、巻四「屋敷構善悪・樹木集」では、どのような家を建てたらよいか、家の周りにどのような樹木を植えるべきかについて、巻五「農具・小荷駄具集《こにだぐしゅう》」では、農具の解説と手入れの仕方について……と、なかなか栽培技術については話してくれません。

我慢して読み進めると、巻六「不浄集」でトイレ掃除を命ぜられ、巻七「防水集」で農業水利を学びます。巻八で初めて稲作りが出てきますが、タイトルは「苗代百首」。つまり田植え準備を詠んだ百人一首（百人が詠んだかは不明）です。**「種もみに　あらくあたれば　目のかけて　またくる秋に　米わろきなり」**（たねもみを乱暴に扱うと、胚芽がとれて、秋の収量が悪くなるよ）といった歌を百首覚えて、その後にやっと巻九「田耕作集」、巻十「麦耕作集」、巻十一「五穀雑穀耕作集」と、主食である穀類についての栽培記述が出てきます。それから、巻十二「蔬菜《そさい》耕作集」で野菜の作り方を教わります。思想を学び、ライフスタイルを学び、道具の手入れ、トイレ掃除、力仕事、歌の素読と続き、その後やっと技術を学ぶのです。

ここまで読むと、「百姓」の言葉の語源を思い出します。百姓とは百を束ねる仕事の意味ですが、この百の中にはさまざまな要素が含まれているのではないでしょうか。明治時代にPhilosophy《フィロソフィー》という言葉が入ってきたとき、啓蒙家であり教育者であった西周《にしあまね》は「百一学」という訳語を考え、その後、希哲学から「哲学」という言葉が当てられたといいます。畑で農作物を栽培する私たちは、思想から日常生活まで、百を束ねている哲学者なのかもしれません。

三月

種から野菜を育てよう

春、種まきの季節です。庭木や果樹などの移植、株分け、接木《つぎき》、挿《さ》し木の季節でもあります。

あなたの住む地域に、春は来ましたか。

日本列島は南北に長いのでまだまだ寒い場所もあります。

まき時が早すぎたり、遅すぎたりしないよう、
昨年の農事暦を読み返してみましょう。

三月の主な作業

◎**啓蟄の頃**　農具、畑や田んぼの整備。畑の耕起、有機物の施肥。**【野菜】**春まきのホウレンソウや結球ハクサイ、キャベツ、ニンジン、ゴボウ、ネギなどの種まき。ただし、寒冷地は半月遅らせて。**【花】**ヒマワリの種まき。一年草や宿根草は追肥。カンナ、グラジオラス、アマリリスの定植や株分け。

◎**春分の頃**　**【作物】**ジャガイモの芽出しと定植。サツマイモの温床準備。**【野菜】**ダイコン、カブ、葉菜類の種まき。暖地では早どりスイカやトマトなど果菜類の育苗管理を開始。**【果樹】**ビワの摘果《てきか》、袋かけ。ミカン、ビワの苗定植。ブドウとナシの誘引《ゆういん》。ビワ、ナシ、モモ、リンゴの接木。ブドウやイチジクの挿し木。**【花】**バラの挿し木。

【三月の農事暦】

※日付はおおよその目安です

日付	農事暦
1	
2	
3	
4	
5	◎啓蟄 ★旧暦 2月1日頃
6	
7	
8	巣籠り虫戸をひらく
9	
10	
11	桃始めて咲く
12	
13	
14	
15	
16	菜虫蝶となる
17	◎彼岸入
18	
19	
20	◎春分
21	
22	雀始めて巣くう
23	
24	
25	
26	桜始めて開く
27	
28	
29	
30	
31	雷すなわち声を発す
4/1	
2	
3	
4	
5	

《暦解説》

啓蟄《けいちつ》
蟄は巣籠《すごも》りのこと、土の中で眠っていた虫たちが春雷の音と響きに驚き外に這い出る

巣籠《すごも》り虫戸をひらく
冬のあいだ地中に隠れていた虫が戸を開いて外に出始める

桃始めて咲く
モモの花が咲き始める

菜虫《なむし》蝶となる
ナノハナにつく青虫が蝶になって飛び回る頃

彼岸入《ひがんいり》
春分の日をはさんで前後七日間が「彼岸」、真ん中が「彼岸の中日」

春分《しゅんぶん》
昼と夜の長さがほぼ同じとなる日

雀始めて巣くう
春の気が高まり、雀がつがいとなって巣を作り始める

桜始めて開く
サクラの蕾《つぼみ》がふくらんでやっと咲き始める

雷すなわち声を発す
春の雷、春雷が鳴り響く

季節のめじるし

こぶしの花が咲いたら… ネギ、ゴボウ、ラディッシュをまきましょう

三月は草木が弥《い》や（ますます）生《お》い茂る弥生《やよい》の月です。連翹《れんぎょう》の鮮やかな「黄色」、桜便りの「うす桃色」、草萌ゆる「萌黄色」。春の色、パステルカラーが野山にあふれる園芸シーズンの到来です。

庭を見ると、こぶしの花の鮮やかな「白」。田おこしの時期です。こぶしの花は、「種まき桜」「田打ち桜」とも呼ばれ、昔から農事の目安とされてきました。畑を耕運し、畝《うね》を立て、春まきの葉菜類、根菜類の種まきを始めます。いよいよ本格的に農耕が始まります。畑仕事に疲れ、ボタ餅を食べて、ほっと一息「春のお彼岸」。農繁期の一休みです。春のお彼岸以降、昼の長さが少しずつ長くなり、畑で汗ばむ季節がやってきます。草花も露地の春まき一年草の種まきも、この時期から始めます。

ただし、霜には注意しましょう。せっかく出た芽も霜で凍ると解けてしまいます。ビニールのトンネルをかけて、霜を防ぎ、地温を上げたものを促成・半促成栽培といいます。

三月の畑仕事

種たちが、あなたにまかれるのを今か今かと待っています

職業柄、小学生以下の子どもたちから「なぜ、種はたくさんまいて間引きをするのですか？」というような質問を受けることがあります。こういう初歩的な質問には園芸の重要なポイントが含まれていることが多いのです。あなたは子どもたちにどのように説明しますか？　私はこんな風に答えます（六〇ページ図表10）。種をたくさんまいて間引きをするのは、このような環境を人間が作りだしているのです。

◎三月上旬…農事暦では、三月五日（頃）は啓蟄《けいちつ》。蟄《ちつ》は巣籠《すごも》りのこと。『巣籠り虫戸をひらく。桃始めて咲く。菜虫《なむし》蝶となる』とあります。

種まきはネブカネギ、オオネギ、夏ネギ、レタス、春ダイコン、アーティチョーク、コマツナ、キャベツ、カリフラワーなどをまき始めます。種はまき時を逃すと根が少なくなります。少し早めぐらいが初心者にはよいと思います。ただし、日本列島は南北に長いのでまだまだ寒い地域もあります。園芸書は関東の気候風土に即して書かれているものがほとんどです。まき時はその土地の種屋さんや農家の人に聞いてみましょう。

図表10　種をまいて間引きをする理由

１粒しかまかなかったら、芽が出なかったらおしまい、
鳥に食べられたらおしまい。雨に流されたらおしまい。
風が吹いたら折れちゃう。一人ぼっちで寂しいね。

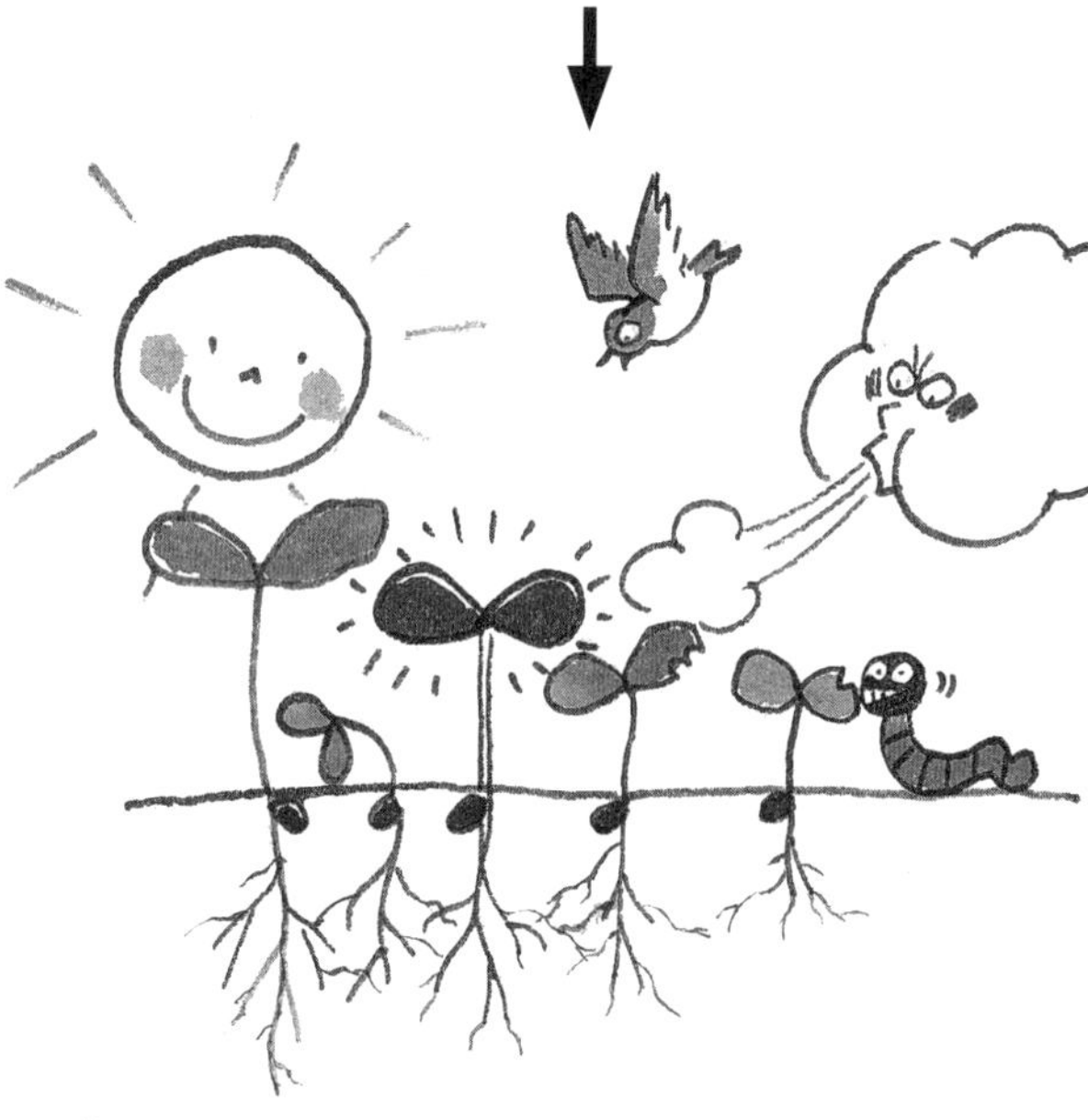

でも５粒まいたら、必ず１つは芽が出るだろう。鳥に見つからない種もあるよ。
根がしっかりと土の中でスクラムを組んで、雨に流されないよ。風が吹いても
添え木もいらない。みんなお日様の光が欲しくて、競い合って育っていくよ。
その中から環境に負けなかった強い芽が、苗になって花が咲き、実になるよ。

庭木などの移植はカキ、庭ウメ、サンショ、サクラ、アジサイ、ヤマブキ、コケモモなど、接《つぎ》木《き》はユスラウメ、クルミ、カリン、サクラ、アーモンドなどが適しています。カキの小枝をこの時期に折ると花芽に勢いが増し、実も多くつきます。

◎三月中旬…三月十七日(頃)は春の彼《ひ》岸《がん》入《いり》。暑さ寒さも彼岸までといいます。本格的な農耕の季節です。

　種まきは多すぎて書ききれませんが、主なものでニドナリ(インゲンマメ)、ナタマメなどの豆類、トウガラシ、ナスなどの夏野菜、カボチャ、トウガン、ヘチマなどのウリ類(早《わ》生《せ》スイカは温床に種まき)、スイートコーン、ホウレンソウ、レタスなどです。暖地では早生サトイモの植え付けも始まります。

　移植はブドウ、リンゴ、スモモ、クリなど。接木もブドウ、カキ、クリ、リンゴ、アンズ、スモモ、ウメ、コデマリ、ナシなど。挿し木もウメ、アンズ、ナシ、イチジク、ナツメ、ボタンなど、庭木いじりが好きな人には大活躍の季節です。

◎三月下旬…三月二十日(頃)は春《しゅん》分《ぶん》。『雀始めて巣くう。桜始めて開く。雷すなわち声を発す』とあります。

　種まきはチョロギ、ワケギなどに加え、寒い地域では上中旬の野菜を少しずらしてまきましょう。三月は気温も不安定、暖かくなったり寒さが戻ったりします。初心者は一袋の種を一度にまかないで、十日ほどずらして三回ほどに分けてまくと安心です。

三月上旬にまいたキャベツは、本葉が二、三枚出だした頃に移植し、さらに三、四枚出た頃に再び移植するとよく結球します。移植が好きな不思議な野菜です。

移植はこのほか、ほとんどの庭木やミカン、ダイダイなどの柑橘《かんきつ》類がこの時期です。接木はヤマモモ、ビワ、サザンカ、ツバキ、ツツジ、ミカンはこの時期から四月上旬まで適し、挿し木もカキ、リンゴ、イチジク、ナツメ、ナシ、ビワ、アンズ、スモモ、ツバキ、モクセイなどが適しています。

種をまいて育てる

「苗半作《なえはんさく》」という言葉があります。「丈夫でよい苗を作れば、よい果実は半分できたと同じ」という意味の言葉です。それだけに育苗は大変ですが、よい苗ができた時の喜びはまた、大きいものです。今年はぜひ、種から育てる園芸に挑戦してみてください。植物を育てる喜びは土を作り、種をまいて育てることから始まります。

初心者は発芽しやすい、失敗の少ない植物を選ぶことから始めましょう。

発芽しやすい種選びの条件は、

①大きい種を選ぶ

大きい種は発芽しやすく、小さい種ほど種自身の持っている栄養が少ないため、発芽しにくくなります。

②一年草の種を選ぶ

野菜は一年草ですが、一般に寿命が長い植物ほどまいてから発芽までの期間が長くなります。一年草は一週間、多年草は十日前後、樹木は一カ月ほど発芽まで時間がかかります。

③新しい種を選ぶ

種袋で発芽率と種まき時期を確認し、発芽率の高いものを選びましょう。種の発芽率は、冷暗所に保存しても一年経つと通常は一〇%ほど下がります。小学生の頃、学校花壇にまいた種はアサガオやヒマワリだったでしょう。初めて植物の種をまく子どもたちに失敗がないように、一年草の、大きく新しい種で植物の栽培を学ぶのです。

発芽の条件に発芽適温があります。種が芽を出すスイッチを入れる温度です。温室を持たない人にとっては、いつ種をまくかが難しいところです。本書の冒頭で「二十四節気」を紹介しましたが、南北に長い日本では実際の季節とのずれも出てきます。このずれを補うのが本書の「季節のめじるし」で毎月紹介している、庭の花の開花です。

里桜（ソメイヨシノ）とフジ、ハギの開花や、カエデの紅葉は気温と密接な関係があり、農事の目安として有名です。地域の農家にその土地の適期を聞いてみましょう。また、あなたの庭に紹介した花や花木を植えると、一年中花の絶えない庭が完成します。農事暦がより身近になる庭を作ってみませんか。

野良まわりのヒント

いつか緑の指が持てますように

『みどりのゆび』（モーリス・ドリュオン著／岩波少年文庫）という本があります。主人公の少年チトはさわると何にでも花が咲く「みどりのゆび」を持っていて、刑務所や病院を緑の花畑に変えていきます。もし、あなたが英国人に「あなたは緑の指を持っているわね」といわれたら、「とても園芸が上手ですね」の意味です。

さて、あなたはどのくらいの緑の指を持っているでしょう。栽培は大きく次の流れで進んでいきます。

①土づくり→②種まき→③発芽・葉と根が生長する（育苗）→④花が咲く（開花）→⑤実が生る（結実）→⑥種ができて枯死する→②翌年、種をまく

これを植物のライフサイクルといいます（図表11）。本来は①から⑥までを順番に行いますが、③の段階で収穫してしまう葉菜類（ホウレンソウやコマツナ）や根菜類（ダイコンやニンジン）は「緑の指の初級」。④の開花までは花卉《かき》（観賞用）園芸で「緑の指の中級」。⑤の結実まで育てるのは果菜類（トマトやスイカ）で、ここまでできると「緑の指の上級」です。⑥

の種まで採るものは作物（イネやトウモロコシ）で、ここまでできるとプロ（農家）並みです。

あなたは緑の指何級ですか？　トマトやスイカを作っていても、毎年苗を購入している人は中級です。なぜなら①から③までが「苗半作」といって、果菜類を作るなかではもっとも大変だからです。

①から⑥までのライフサイクルは、多くの植物が一年で一回。スイカ作り歴十年の園芸家もわずか一〇回の経験だけです。上級目指してのんびりがんばりましょう。いつか緑の指を持つことを目指して。

図表11　植物のライフサイクル

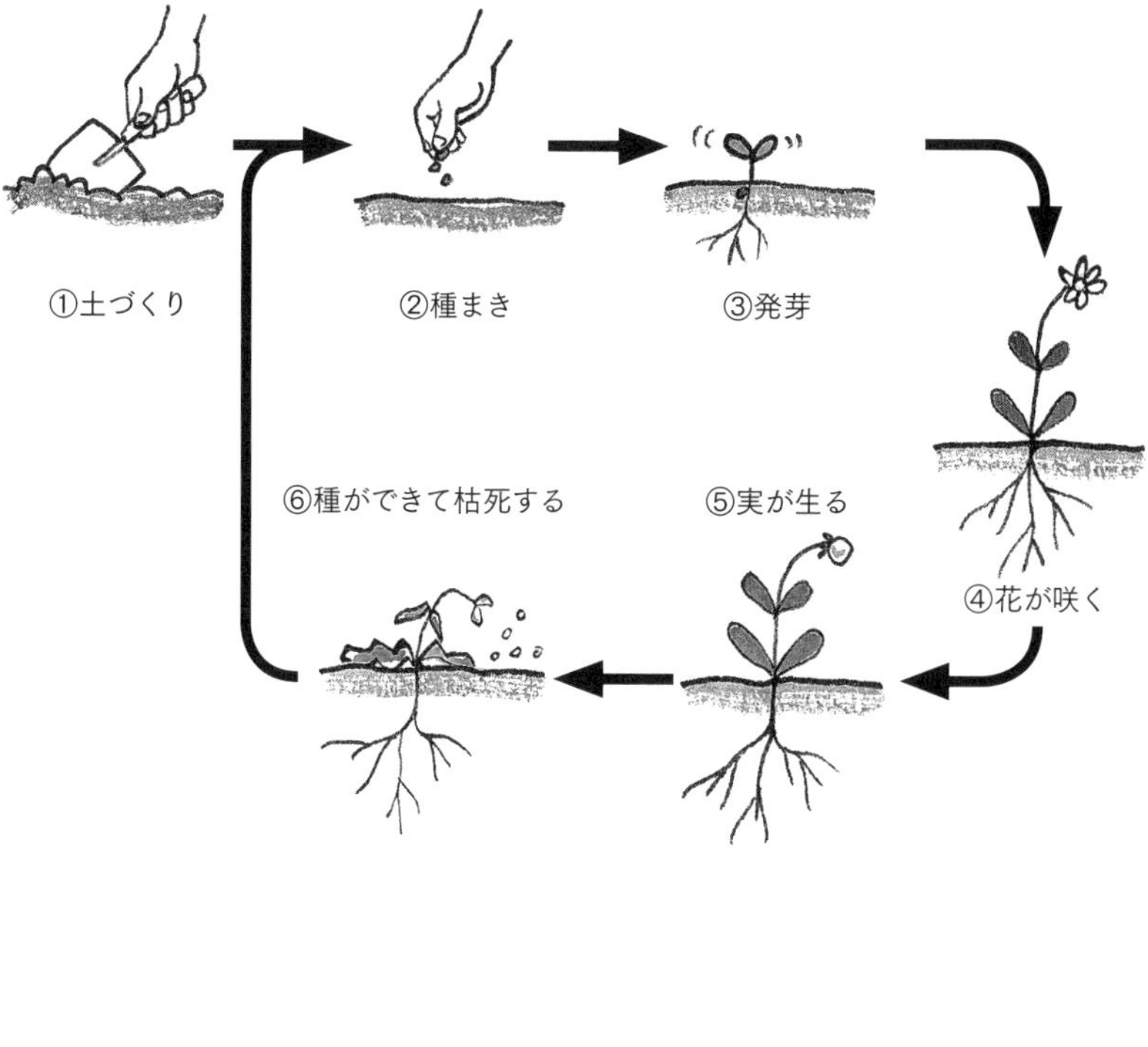

三月 畑仕事に生かす農書の知恵

『百姓伝記』巻二「五常之巻」には、「人間一生身持ちの事」という章があり、計画や準備の重要性を説いています。

「人は生まれて七歳から十五歳まで手習いをして万事学問をすれば、年をとったあと煩うことがない。一年間にしなければならないことを、初春のうちに覚悟して工夫をしておかなければ、極月《ごくげつ》（十二月）に至って万事が差し詰まって、難儀をする。一カ月にすべきことは朔日《さくじつ》（一日）に思案・工夫しなければ、晦日《みそか》（月末）になってすべてが整わない。一日にすべきことは、鶏が鳴くときから来てしなければ、はかどらず、深夜になって忙しい。片時も間に手をおくものならば、一生貧困から逃れられない。大黒さまが槌を、恵比須さまが釣り竿をいつも持っていることを庶民は忘れてはいけない。とくに農民は手が空であれば、実りの秋を過ぎても手は空のままである。白楽天（中国の詩人・白居易《はくきょい》）の言葉を記しておく。『人は子《ね》に臥《ふ》し、寅に起きて勤めることが作法なり』（人は午前零時に床に就き、午前四時に起床して働くことが正しい）」

厳しい指摘です。これから、私たち庶民は、宝くじ売り場の大黒さまやビールの恵比須さまのラベルを見るたびに、我が身を振り返り、反省しなければなりません。

この記述のおもしろいところは、年間の計画には「覚悟」と「工夫」、月間の計画には「思案」と「工夫」をしなさいと述べているところです。つまり、畑の作付け計画は一年間の栽培作物を最初に決めてしまい、カタログを見て、年の途中で新たな作目を加えない「覚悟」が必要であること、また作付けの骨格を途中で変えないことが大切だということです。覚悟を決めたら、月ごとに「思案」をします。覚悟を決めて計画し、実行したら、月ごとに今までを評価し、工夫して改善します。Plan（計画）・Do（実行）・Check（評価）・Act（改善）、現在のビジネスの基本となっているＰＤＣＡサイクルは、江戸時代にもあったのですね。

◎コラム

畑仕事の目安は旧暦

京都・比叡山《ひえいざん》の麓《ふもと》にある畑で趣味の野菜作りを始めて十一年になる会社員・池田邦彦《いけだくにひこ》さんは、うすい黄色がかった白い花を付けるシキミの開花をジャガイモの作付けの目安にしている。

きっかけとなったのは「こぶしの花が咲いたら、ジャガイモを植えたらいい」との地元のお年寄りからのアドバイスだった。試したところ例年以上の収穫があり、その後、目安になる花も身近な畑にある沈丁花《じんちょうげ》やシキミへと変わった。

畑では妻とともに年間四五種類の野菜を作っている。「こぶしの花が咲いたら……」といった昔の人の経験値に行き着くまでは、種まきも植え付けも新暦でやっていたが、野菜の出来は安定しなかった。しかし、シキミを目安にしてからは品質もよく収量も上がった。

旧暦に沿って畑と向き合うようになってからは、自然界が旬の野菜を差し出してくれるような気がするという。

日本緑茶発祥の地・京都府宇治《うじ》田原町《たわら》で茶問屋を営む谷口郁男《たにぐちいくお》さんは、茶農家とともに「ここ一番の旬の味」を求めて試行錯誤を繰り返した結果、旧暦にたどり着いた。

きっかけは、ある旧暦研究家の「旧暦による年間天候予測」という新聞記事。「天候に左右される業種は、新暦の前年同日と比べるより旧暦の活用を」。触発された谷口さんは、旧暦と気候の関係について勉強を始めた。

旧暦カレンダーと格闘して毎年いろいろと試した結果、旧暦四月一日を過ぎると急に気温が高くなる傾向に気づく。旧暦四月一日を茶摘みの目安に設定して何年か続けると、毎年、いちばん品質のよいものができた。

毎年、旧暦四月一日が新暦のいつになるかを確かめ、いちばん元気な茶畑を選ぶ。肥料は、四月一日から逆算、冬の前と根が動き出す春先にやる。あらかじめ茶摘みの日が決まっているため、施肥の効率がよく育成もムダがないという。

四月

種をまこう

新入学の季節です。
畑仕事の一年生も、ベテランも心弾む春の訪れ、
春の花も咲き乱れ、あなたを畑で待っています。
冬の間に注文した種も届き、
気の早い夏野菜の苗が並び始めます。
元肥のたくさん詰まった畑の準備はどうですか。
いよいよ夏野菜の栽培のスタートです。

四月の主な作業

◎**清明の頃**　畑に有機物を施用（元肥）。**【作物】**サツマイモの苗床作り。ジャガイモの追肥と芽かき、土寄せ。**【野菜】**ニンジン、ゴボウ、春まきキャベツ、ダイコン、パセリ、アスパラガスの種まき。**【花】**花木類に追肥。カンナやダリアの定植。

◎**穀雨の頃**　**【野菜】**タマネギの止め肥と土寄せ、ショウガの種付け、トウモロコシ（野菜として未熟な種子を食べるもの）、ダイズ、インゲンの種まき。サトイモの定植。**【花】**ツバキ、モミジ、フジの接木《つぎき》。

【四月の農事暦】

※日付はおおよその目安です

1	
2	
3	
4	◎清明 旧暦3月1日頃
5	
6	玄鳥至る
7	
8	
9	
10	鴻雁北にかえる
11	
12	
13	
14	
15	虹始めてあらわる
16	◎土用入
17	
18	
19	
20	◎穀雨
21	
22	葦始めて生ず
23	
24	
25	霜止んで苗いずる
26	
27	
28	
29	
30	牡丹花咲く
5/1	
2	
3	
4	
5	
6	

暦解説

清明《せいめい》
清浄明潔、空が晴れ渡り、万物みな清々しく生き生きとしてくる

玄鳥《つばめ》至る
ツバメが南から渡る

鴻雁《こうがん》北にかえる
昨年の秋に飛来したガンは北へ帰っていく

虹始めてあらわる
朝は西、夕方は東、雨上がりには虹が見える

土用入《どようい り》
立夏の十八日前

穀雨《こくう》
穀物の生長を助ける雨。田んぼや畑の準備が整うと、優しい春の雨、穀雨が降り出す

葦《よし》始めて生ず
水辺に葦が芽を出す。「あし」は「悪し」で縁起が悪いので「善《よ》し」と呼ぶ地域も

霜止んで苗いずる
霜も降りなくなり、苗代の稲苗が大きくなる

牡丹《ぼたん》花咲く
春のお彼岸に食べる「ボタモチ」は「牡丹餅」の意味。豪華な花の様子に見立てて

季節のめじるし

里桜が咲いたら…
いよいよ夏野菜の栽培が始まります

あなたの地域の桜前線が生命のスタートを知らせます。昔から桜の花が咲くことを目安に行う農作業が地域ごとにあります。農家の人は「桜の花が咲いたら……、○○をする」と農作業の目安にしています。

桜は前年の夏に、次の春に咲く花のもととなる花芽《はなめ》を作って休眠に入ります。この花芽は、冬の寒さに一定期間さらされると眠りから覚めます。そして気温が上昇するとともに生長し、開花します。この桜の習性と同じように、ほかの植物も発芽や休眠が日の長さや温度と関係していることを、昔から農家の人々は知っていたと考えられます。

「桜の花が咲いたら○○の種をまく」。近所の農家や種屋さんがこんな話をしていたら心にとめておきましょう。園芸書には載っていないその土地だけの農事暦です。ほかにも「八十八夜の別れ霜（八十八夜が過ぎるともう遅霜の心配がないから観葉植物などを外に出しても大丈夫）」などの言葉が今でも残っています。

あなたの住む場所ではもう桜が咲きましたか。

四月の畑仕事

今年の夏はどんな野菜と畑で会えるでしょうか

空気が暖かくなり、心も体もウキウキしてくる季節ですね。いよいよ夏野菜の栽培が始まります。

種まきの時期は、雑草も芽を出す時期です。「また今年も草取りの時期が来るのか」とぼやく人もいるかと思いますが、この頃に草を取ると後の作業がとても楽になります。

「大農（優れた農家）は草を見ずして草を取る、中農（普通の農家）は草を見て草を取る、小農（駄目な農家）は草を見て草を取らない」という言葉もあります。芽が出た時期（四月）に草かじり（草取り用の手がま）でかじって除草すればいちばん楽。草が茂ると（五～七月）除草が大変。草の花が咲いて種がこぼれると（八～十一月）来年は何倍もの雑草が芽を出してしまいます。

雑草は「早期発見、早期除草」、今月は一度すれば除草いらず。七四ページからは、新聞紙を使ったマルチングを紹介します。

◎**四月上旬**…農事暦では、四月四日（頃）は清明《せいめい》。『玄鳥《つばめ》至る（飛来する）。鴻雁《こうがん》北にかえる。

虹始めてあらわる』とあります。ラッカセイやエゴマはこの時期から五月上旬までにまきましょう。レンコン、夏ネギ、食用ギクは株分けの時期です。

◎**四月中旬**…四月十六日(頃)は春の土用入《どよういり》。この春の土用を目安に、主にニンジン、ゴボウ、春まきキャベツ、ダイコン、パセリ、アスパラガスなどの種まき時期です。ほかにもスイカ、ニラ、ネギ、タマネギ、ミツバ、セリ、アオジソ、サヤエンドウなどの種まきをします。ワタはこの時期から立夏までをまき時とします。

◎**四月下旬**…四月二十日(頃)は穀雨《こくう》。『葦《よし》始めて生ず。霜止んで苗いずる。牡丹《ぼたん》花咲く』とあります。トウモロコシ、シロウリ、マクワウリ、カリフラワーなどを種まきします。ニンジンなどは五月中旬までに種まきします。

まいた種の芽が出なかったら

あなたのまいた種の芽が出なかったら……、それは「水分」「酸素」「温度」「光」「土」「鳥」の中に原因があります。

発芽の三要素という言葉があります。植物は、種が充分な「水分」を吸収し、「酸素」が働くのに必要な「温度」が与えられると、種の発芽のスイッチが入り、種の中の栄養を分解し根や芽の伸長が始まります。大きな種（エダマメ、ダイコンなど）は、栄養がたくさん詰まっているので初心者向き。小さな種（トマトなど）は、発芽したらすぐに光合成に移らなければならないので上級者向きといえるでしょう。

発芽にはたくさんの酸素が必要なので、種まき用土は排水性のよいものを用います。発芽のために「光」を必要とするものもあります。レタスやミツバなどの好光性種子がそうです。また、未完熟堆肥の入った「土」に種をまくと種が腐ってしまう場合があります。肥料分の少ない排水性のよい土を選びます（図表12）。

あなたが持っている種のまき時（適期）を知るために、発芽温度を調べてみましょう。たとえば、トマトは二七～三〇度です。発芽日数は五日間。同じ夏野菜のスイカは二五～三〇度で、発芽日数は七日間。購入した種をいつまこうか悩んだら、園芸書で発芽温度を調べて、最高最低温度計で最高気温を測りましょう。南北に長い日本ではこのような

図表12　種の発芽条件

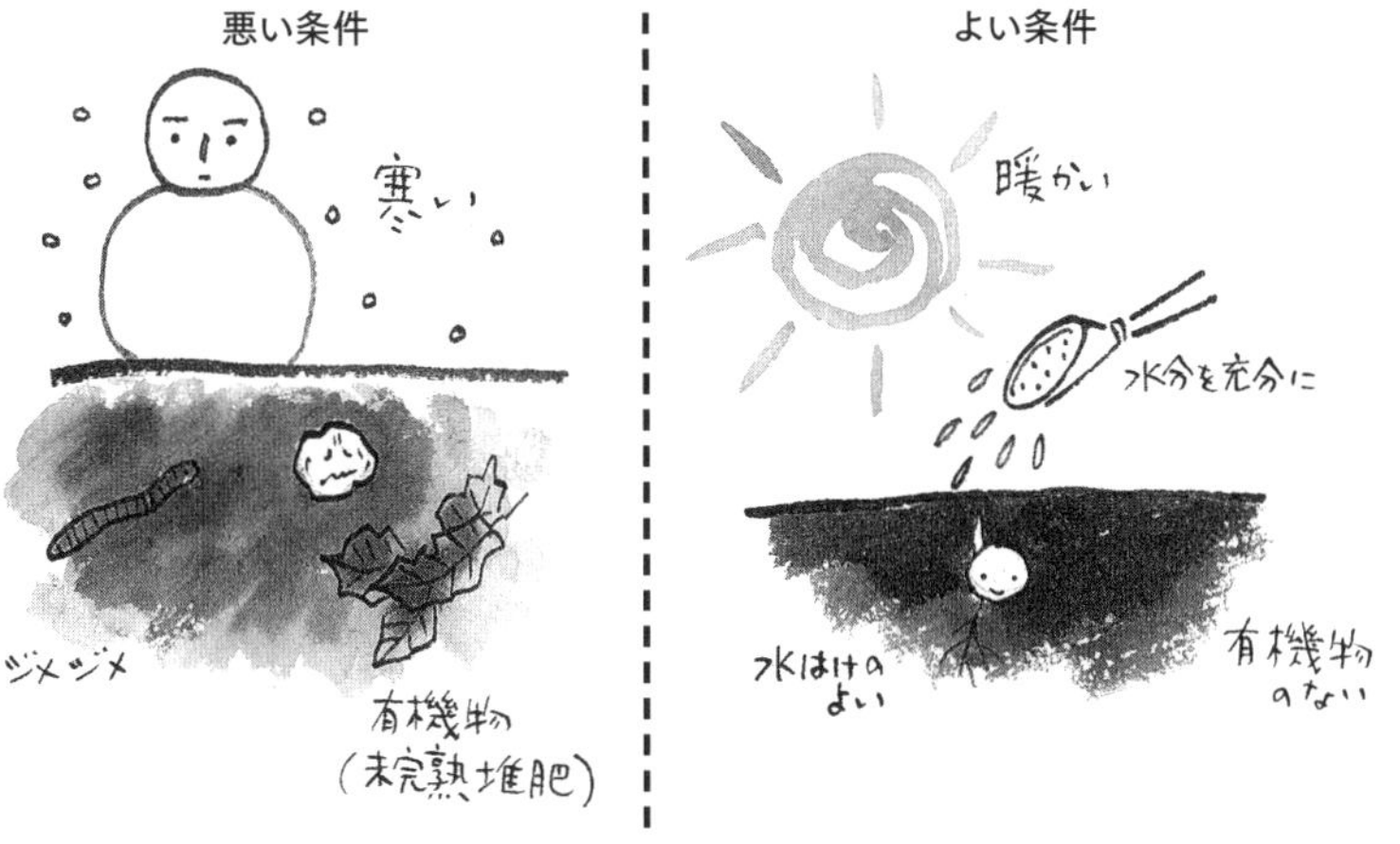

工夫が必要になります。発芽日数が過ぎても芽が出ないようなら何か問題発生です。鳥に食べられてはいませんか。

野良まわりのヒント

古新聞を使って土に還《かえ》るマルチ

ゼロエミッションという言葉を知っていますか。廃棄物ゼロの生活をいいます。身近な農作業でも土に還る資材を購入して活用しましょう。畑はみごとに実っていても、裏側はゴミがいっぱいではスローライフではありません。

土に還るプラスチック（トウモロコシの粉からできた生分解性プラスチック）の鉢やマルチングシートもありますが、少し高価です。ここでは毎日出るゴミ、新聞を使った土に還るマルチングを紹介しましょう（図表13）。これは、南半球で盛んな環境共生型農業（パーマカルチャー）の技術です。

①マルチをする植物の苗に充分に土寄せを行います。
②一株当たり新聞紙三枚程度をバケツの水に浸します。

③新聞紙をぬれたままの状態で二つ折りにして植物の周りに敷きます。風のない日のほうが作業がしやすいでしょう。

④新聞マルチの上に土を置きます。

マルチの役目が終わったら畑にすき込むか、コンポストの中で土に戻します。

注意点

●新聞紙のインクは、最近は大豆インクを使用しているものもありますが、一般的には金属が含まれています。できるだけモノクロの紙面を利用し、カラー、色文字の広告は避けましょう。

●果菜類や果樹に使用しましょう。植物がインクの成分（金属）を吸収することはまずありませんが、葉菜類や根菜類は避けましょう。

●新聞マルチは半年以上経たないと土に戻りません。生育期間の長い作物に利用しましょう。

図表13　古新聞を使ったマルチング

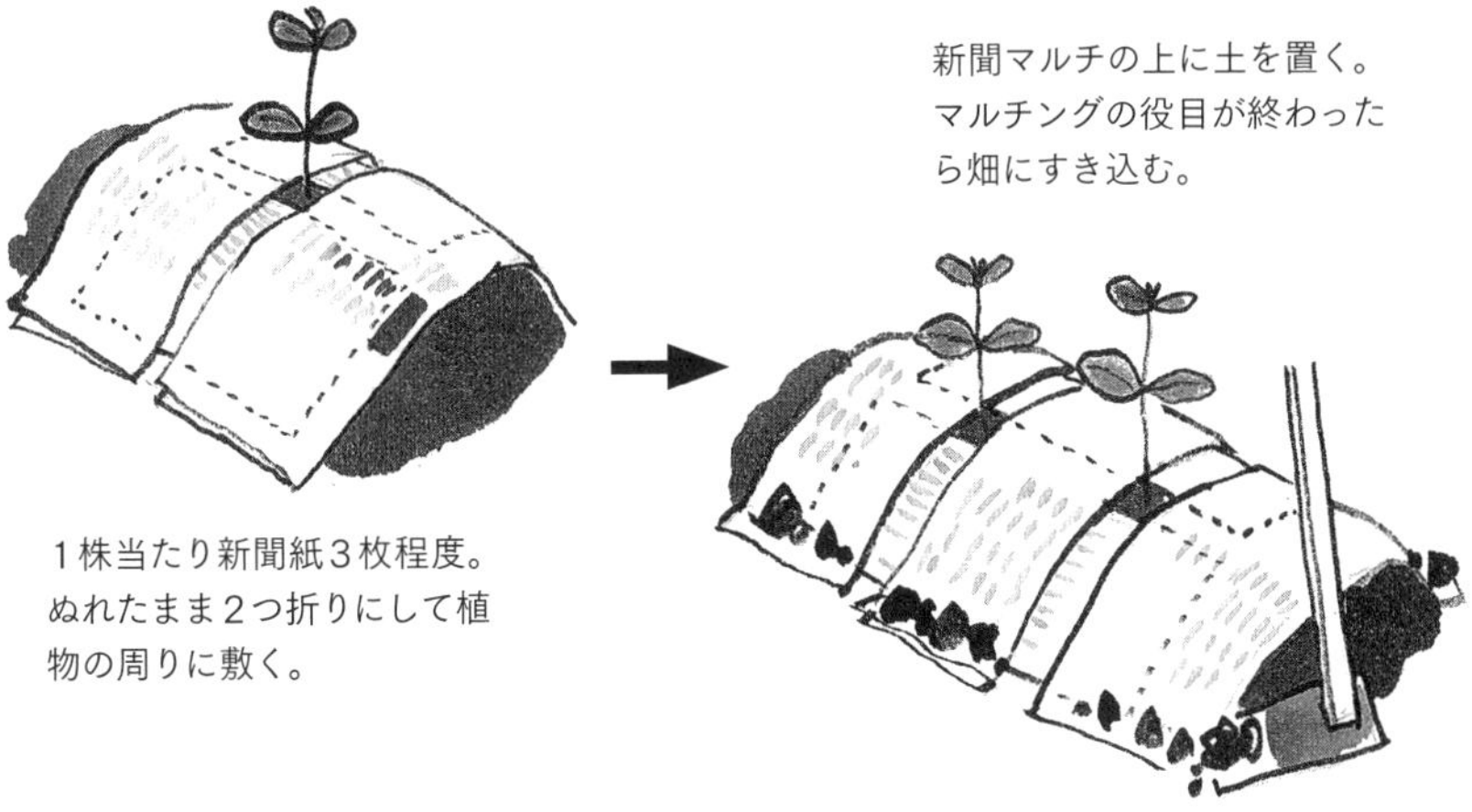
1株当たり新聞紙3枚程度。
ぬれたまま2つ折りにして植物の周りに敷く。
新聞マルチの上に土を置く。
マルチングの役目が終わったら畑にすき込む。

畑仕事に生かす農書の知恵

『百姓伝記』巻三「田畠地性論《たはたちせい》」には、「陰陽の宝地《ほうち》」という章があります。「宝地」とは畑のことです。

「北側が低く、南側が高いのは『陰地』。南側が低く、北側が高いのは『陽地』。東側が低く西側が高いのは『中陽の地』。西側が低く東側が高くなるのは『中陰の地』である」と定義し、さらに「『陰地』は万物生じ、実生ることは薄い。『陽地』（と『中陽の地』）は万物生じ、実生ることが多い」と書かれています。あなたの畑はどうですか。

「中陰の地」は万物が生じる、つまりまいた種が芽を出すけれども実が生らないもの＝葉菜類や根菜類に適しています。「陽地」や「中陽の地」は、万物が生じ実の生ることが多い、ということは逆に「中陰の地」に比べて、葉菜類や根菜類のトウ（花蕾《からい》）が立つのが早いということです。果菜類に適している「陽地」は、葉菜類や根菜類を栽培するときには注意が必要です。自分の畑が「陰地」だった方も、がっかりしないでください。

筆者は最初に、「そもそも世界では、北西の土地は広いが、日月の巡り（日当たり）が少ないので、寒気がはなはだしくて、万物生じ、実の生ること少ない。南東は、畑は狭いが日月の巡りがよく、陽気ははなはだしく、万物がよく生じ、実が生る。中でも日本国は器界一（地球全体）の東面にあたり、しかも東海のうちにあり。そのために万物生じ、実が生ることが異国（ほかの国）より優れている」と、自慢しています。畑を放っておくと草だらけになる日本は、放っておくと砂漠になってしまう土地に比べて恵まれています（日本映画の『もののけ姫』では物語の最後に、〝もののけの死〟のイメージとして緑が世界を覆いますが、ハリウッド映画の『インディ・ジョーンズ』では敵役は砂になって飛んでいってしまいます。滅びのイメージが海外と日本では真逆なのです）。

どんな畑であっても他国に比べれば、あなたの畑は「宝地」なのです。

◎コラム

桃の節句に込められた願い

旧暦の三月三日は桃の節句。新暦でみると四月、ちょうど桃の花咲く時節となる。

桃は古来より若返りの妙薬といわれてきた。今でこそ桃の葉にタンニンやフラボノイドといった皮膚の炎症に効く成分が入っていて、桃の葉エキスの入った入浴剤や石鹸が販売されているが、昔の人はそのことを経験から知っていたのだろう。

桃の若返り伝説は多く、中国では楽園のことを「桃源郷《とうげんきょう》」という。一年中、桃の花の咲き乱れる楽園。そこではだれも年をとらない。「西遊記《さいゆうき》」では孫悟空《そんごくう》が天の桃園の桃を全部食べてしまった。一つ食べると一年寿命が延びる桃である。

日本では桃太郎の話が有名だ。「桃から生まれた桃太郎」となっているが、実は、それは明治の教科書以降のお話。それまでは「むかし、むかし、お爺さんは山へ柴刈りに、お婆さんは川に洗濯に、すると川上から大きな桃が流れてきた。お婆さんが家に持ち帰り、お爺さんと桃を食べると元気になって、生まれた子どもが『桃太郎』」という若返りのお話だったのである。

昔は人生五十年、十五で結婚、三十で隠居。今なら三十歳のお爺さんとお婆さんから桃太郎が生まれても不思議な話ではない。

漢方でも桃の種子は「桃仁《とうにん》」といって婦人病の薬。桃の節句の菱《ひし》餅《もち》は、いちばん下の緑は若草（健康）を、真ん中の白は残雪（清浄）を、いちばん上の紅は桃の花（魔よけ）をあらわしている。

また、貝雛《かいびな》を作ったり、ハマグリの潮汁を飲んだりする地域もある。「ハマグリの殻のように、ぴったりと合う相性のよい男性と娘が出会い、幸せな人生をおくれますように」という願掛けである。

相思相愛、子孫繁栄は昔からの願い。桃にはそんな願いが込められている。

五月

よい苗を育てよう

五月晴れ。気持ちのよい晴れた日は畑に出ましょう。
農の詩人、宮沢賢治が「和風《わふう》は河谷《かこく》いっぱいに吹く」と詠《うた》った爽やかな夏風が吹き始めます。この季節に畑に出ると賢治の「雲の信号」という詩の一節が浮かんできます。

ああいいな　せいせいするな
風が吹くし
農具はぴかぴか光っているし

さあ、張り切って農作業に出かけましょう。

五月の主な作業

◎**立夏の頃**【作物】ラッカセイ、トウモロコシの種まき。【野菜】ショウガの定植。ダイコンの種まき。果菜類の苗の定植、支柱立て、敷きわら、施肥。【果樹】ナシ、モモの摘果《てきか》。ミカンの摘花。【花】春まき一年草の苗定植。アサガオの種まき。

◎**小満の頃**【作物】コンニャクイモの定植。サツマイモのつる定植。ジャガイモの追肥と土寄せ。【花】キクの挿《さ》し芽。チューリップ、ヒヤシンス、スイセンの球根掘り上げ。

【五月の農事暦】

※日付はおおよその目安です

1	2	3	4	5	6	7	8	9	10	11	12
◎八十八夜				◎立夏 ★旧暦 4月1日頃		蛙始めて鳴く			ミミズ出る		

13	14	15	16	17	18	19	20	21	22	23	24
		竹の子生ず					◎小満			蚕起きて桑を食む	

25	26	27	28	29	30	31	6/1	2	3	4	5
	紅花栄える					麦秋至					

《暦解説》

八十八夜《はちじゅうはちや》
立春から数えて八十八日目。昔から農事の重要な節目

立夏《りっか》
この日から夏へ。春分と夏至の中間にあたり、「目には青葉、山不如帰《ほととぎす》、初鰹」と詠われる頃

蛙《かわず》始めて鳴く
田ではカエルの繁殖期、ゲロゲロと鳴き始める

ミミズ出《いず》る
畑ではミミズが顔を出し始める

竹の子生ず
竹やぶではタケノコが顔を出す

小満《しょうまん》
草木や生き物が、育ち、伸びて天地に満ちること。麦が伸び、田植えの準備が始まる

蚕《かいこ》起きて桑を食《は》む
カイコが目を覚まし、クワの葉をムシャムシャ食む

紅花《べにばな》栄える
ベニバナが鮮やかに咲き始める

麦秋《むぎのとき》至《いたる》
麦の穂が黄金に染まり、収穫を迎える。「麦秋」は旧暦で四月のこと

季節のめじるし

藤の花が咲いたら…ニガウリ、オクラ、ラッカセイ、モロヘイヤをまきましょう

早苗《さなえ》を植える頃、藤の花が咲くと、『古事記《こじき》』に出てくるハルヤマノカスミオトコの話を思い出します。イズシオトメをお嫁さんにほしいと母に相談し、彼は藤のつるで弓や衣《ころも》・袴《はかま》を作ります。イズシオトメの家に着くと次々に藤の花が咲いて、その香りにひかれ、二人は結ばれます。

この頃に山から吹き下りる風が南風《はえ》、新緑の風も爽やかです。元気に畑仕事。鯉のぼりもあなたを応援しています。

藤の花が咲いたら、ニガウリ、オクラ、ラッカセイ、モロヘイヤの種をまきましょう。霜の心配もなくなる八十八夜（立春から数えて八十八日目）の頃、夏野菜の定植も終了させます。定植はゴールデンウイークを一つの目安にします。ただし、種まきや定植には地域差があります。周囲の農家や先輩たちの様子を見ましょう。「隣が種をまいたからうちも、隣が苗を植えたからうちも……」。昔はそんな農家を「ながら百姓」と呼んで馬鹿にしていましたが、初心者には大切なこと。「学ぶ」の言葉の語源は「真似《まね》ぶ」です。

五月の畑仕事

あなたの苗は元気に育っていますか

種苗店、園芸店には夏野菜の苗が並びます。種からの苗作りに失敗してしまった人や、苗から育てる予定の人のために、よい苗を選ぶコツを取り上げます。また、休日菜園で栽培している人は週末に農作業が集中します。天候が悪くても作業を進めがちですが、口の利《き》けない植物にとってはいい迷惑です。植物の気持ちになった定植の注意事項についても説明します。

五月一日（頃）は八十八夜。「八十八夜の別れ霜」という言葉があります。この別れ霜は、雨のあとの快晴（五月晴れ）の日に、日中は温暖で夜に入って星も出て風や雲もない時に、夜が更けて急に温度が下がり、明け方氷点下になることをいいます。昔から桑やお茶畑にとっては大敵といわれていました。霜の降りやすい地域や寒い地域では、この時期を目安に温床（ビニールトンネルの苗床）から野菜の苗を出して定植します。観葉植物の株分けの目安にしている人もいます。

◎**五月上旬**…農事暦では、五月五日（頃）は立夏《りっか》。『蛙《かわず》（カエル）始めて鳴く。ミミズ出《いず》る。

竹の子生ず』とあります。早生ダイズ、早生ササゲ、オクラ、インゲン、ネギ、ワタ（コットン）、キャベツなどをまき始めます。緑豆は七月上旬までまいてかまいません。

◎五月中旬…アズキをまきます。購入した夏野菜の苗の定植はこの時期までとします。畑の草取りが始まります。先に紹介した新聞マルチ（七四ページ）は定植後、果菜類に行います。草木の若葉を刈り取り、マルチングすることも始めます。

◎五月下旬…五月二十日（頃）は小満《しょうまん》。『蚕《かいこ》起きて桑を食《は》む。紅花《べにばな》栄える。麦秋至《むぎのときいたる》』とあります。サツマイモのつるを挿します。トウモロコシをポット苗で育てた人は定植します。

私の畑の麦もこの頃までに刈り取り、麦秋の季節も終わります。

器量のよい苗を選ぶ

今はスーパーやホームセンターなどの量販店でも夏野菜の苗を売っています。同じ夏野菜の苗でも値段が違うのはなぜでしょう。三月の「野良まわりのヒント」でも述べましたが、種から苗に育てる過程がいちばん大変なのです。英語では保育園のことをナーサリースクールといいます。ナーサリーとは育苗場のこと。子育てが大変なのは植物も人間も同じです。

購入者がよい苗を選ぶポイントは、器量よしの苗を選ぶことです。

苗の器量のポイントは以下の三つです(図表14)。

①節間の詰まった、ドッシリしたもの

ヒョロヒョロと徒長《とちょう》していないもの。温室の中で温度が高すぎるところで育つとヒョロヒョロのモヤシのような徒長苗になります。このような苗は寒さに弱く、病気にかかりやすい苗です。

②葉が左右均等なもの。葉が波打ったり、日焼けしてないもの

暖かい温室から寒い露地に苗をならす作業を順化《じゅんか》といいます。この時に温度調節や水管理に失敗すると、日に焼けた葉や表面が波打った状態の苗になることがあります。

図表14　苗の器量のポイント

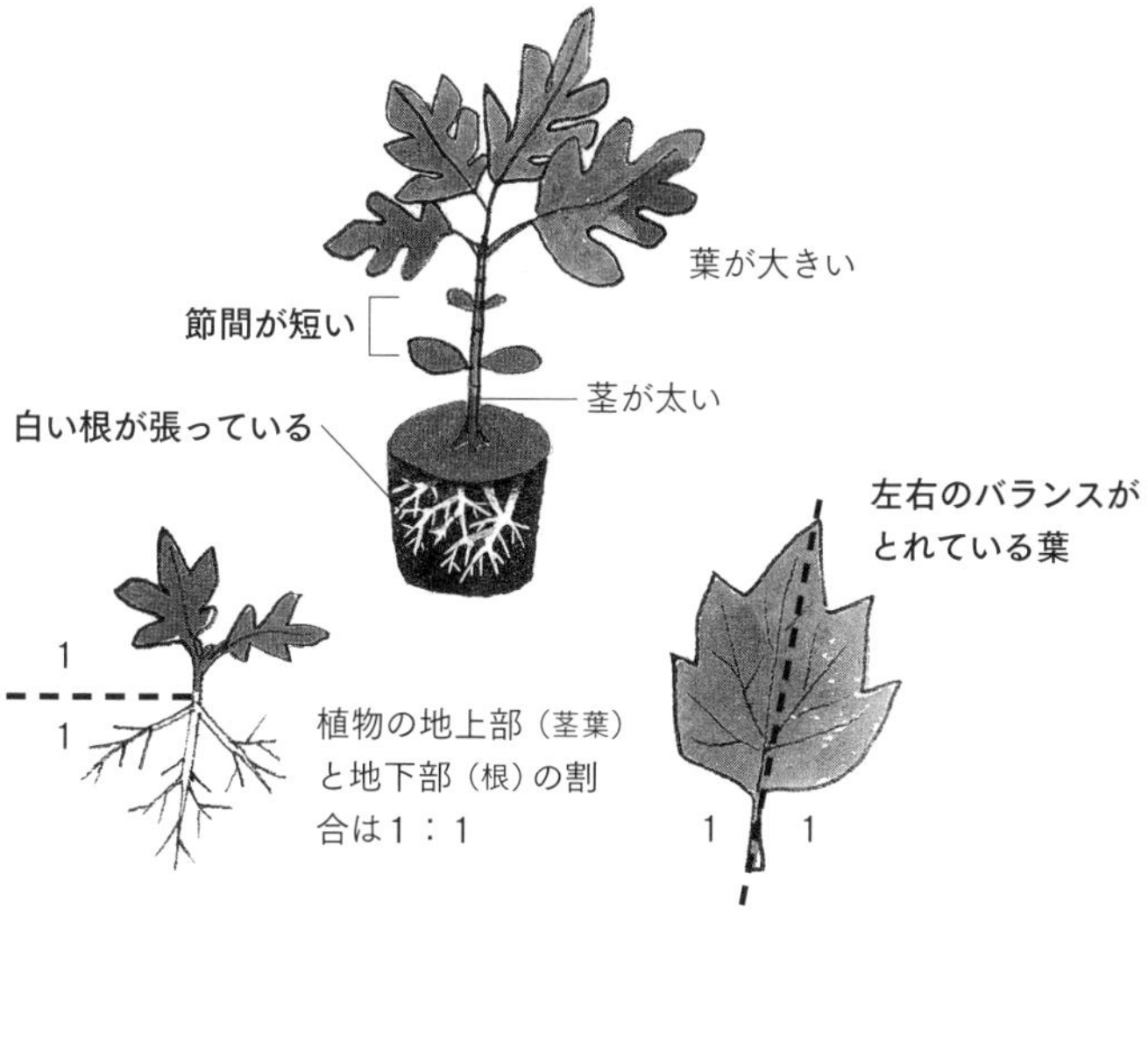

③大きめの鉢に新しい白い根がしっかりと張っているもの

植物の地上部と地下部（根）の体積比は一対一です。順調に育った苗は地上部も地下部も均等に生育しています。根の体積に比例して地上部の枝茎や実の大きさは決まってくるのです。葉が左右不均一でいびつな苗は根も均一に張っていません。根の張りに比べて鉢が小さすぎたら、根が腐ったり傷んだりしているかもしれません。

この三つのポイントで器量のよい苗を選びましょう。「緑の指の上級」（六四ページ）を目指す人は、このような苗を育てることが目標になります。

苗を植えてよい時、悪い時

定植は、あなたの大切な野菜が保育園（ナーサリー）を卒園し、幼稚園（キンダーガーデン＝子どもの庭）に入園する大事な時です。天気や時間に気をつけましょう。

●雨の日には植えない
●午後、とくに夕方に植えない
●風の強い日に植えない

「そんなことといったら植える時がない」と思うかもしれませんが、野菜の気持ちになってみましょう。今まで暖かい温室の中で育っていたのです。雨の日には気温が下がります。

急に寒さに当てると、野菜だって風邪をひきますね。

植物は、昼間に光合成を行い、夜は呼吸をしています。根は、昼間は光合成に必要な水を吸収し、夜は土の中の酸素を取り入れています。野菜を定植したあとは、皆さん水を充分にあげますね。夕方に植えて水をやると土の中に水が残り、通気性が悪くなるため、夜中に根が呼吸できず根腐れをおこしてしまいます。

保育園を出たばかりの苗の表面は、まだ充分に鍛えられていません。風が吹くと、茎や葉に傷がついたり、雨水などの跳ね返りによって病原菌やウイルスに感染しやすくなります。とくに、土と地上部の境は地際部《ちぎわぶ》と呼ばれ、もっとも病気が感染しやすいところです。「苗は深植えしない」「雨水の跳ね返りを防ぐためにマルチをする」と覚えておきましょう。根も傷つかないように、「定植と支柱立てはできるだけ一緒に行う」こともポイントです。

土はあとで替えることはできませんので、定植の前に堆肥もしっかりと入れておきましょう。ただし、根には直接触れないようにします。とくに未完熟堆肥には気をつけないと、根も一緒に腐ってしまいます。

野良まわりのヒント

土からのエネルギーは土に還《かえ》す

昔は、お米が収穫されたあと、農家の人々は「今年は反《たん》当たり○○俵もらった」といいました。

今は「今年は反当たり××キロとった」といいます。「もらう」と「とる」では田畑に対する接し方が一八〇度ちがいます。もらったあとには何もない田に「お礼肥《れいごえ》」と呼ぶ肥料を与えました。完熟した堆肥を「元肥《もとごえ》」「追肥《ついひ》（おいごえ）」「お礼肥」と畑に三回に分けて施肥し、地力を維持したのです。

コンテナやハンギングバスケットの植物の生育が悪くなったと思ったら、それは土に養分がなくなったためです。その土は取り替えなければいけません。この使用済みの残土が死んだ土です。

毎年、新しい土を購入している人は豊かな地球の土壌資源を使い捨て（消費）しているのです。昔の農業はゴミをまったく出しませんでした。野菜くずは家畜の餌となり、人間の排泄物も下肥《しもごえ》となって畑に還されました。出ていくエネルギーと入ってくるエネルギーが同じ「循環社会（ゼロエミッション）」だったのです（八八ページ図表15）。

今の農業では野菜くずは市場でゴミ箱に、人間の排泄物も浄化されて川から海に流されます。畑はどんどんやせていきます。収量が落ちると化学肥料（石油エネルギー）を投入し、地力を補いますが、いずれ畑は死んでしまいます。

昔の農業のように私たちが土壌からもらったエネルギー（花や野菜）を土壌に還すにはどのようにすればよいでしょうか。排泄物を下肥にするには抵抗があります。せめて食べ残した食物をもう一度肥料にしてあげましょう。

この発想がコンポストです。しかし、市販のコンポストは土にとってよくないものも無理やり堆肥化してしまう危険性があります。家庭菜園で見かけるプラスチック製の半地下のコンポストは、密封式で嫌気性の腐敗がおこりやすく、生ゴミを土に埋めているだけの場合が見られます。

土にとってよくない堆肥は、次の三つです。

●塩を多く含むもの（しょうゆ、塩、ドレッシングなどの調味料をそのまま堆肥化）
●完全に堆肥化されていないもの（未完熟堆肥。悪臭がして、病気や害虫の発生源に）
●動物性の堆肥（蛆《うじ》がわいてハエの発生源に）

危険性のない大自然のコンポスト（ミミズ）は九月の畑仕事で説明します（一三〇ページ）。

図表15　循環社会と消費社会

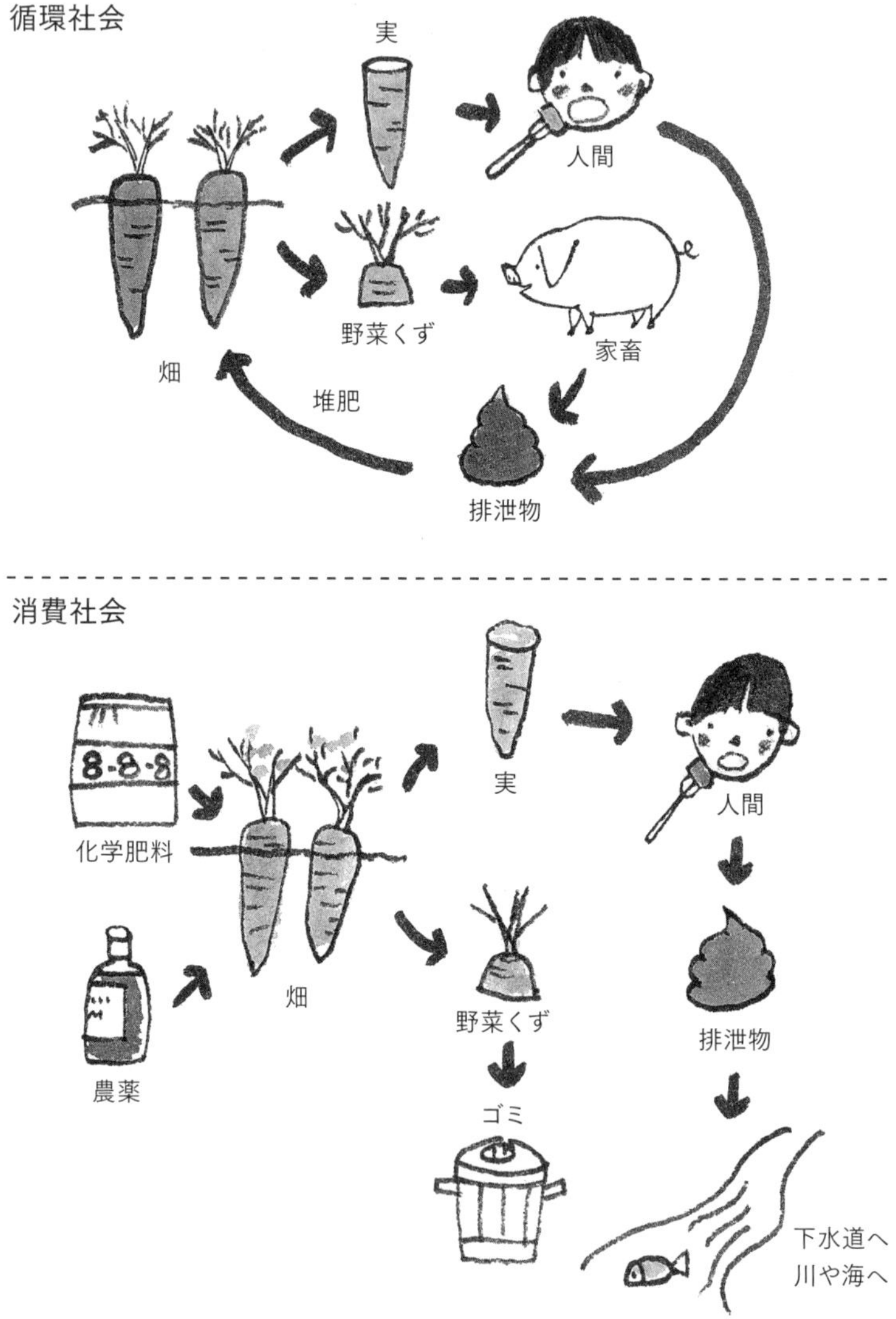

五月

畑仕事に生かす農書の知恵

麦秋《ばくしゅう》（麦の穂が実り、収穫期を迎える初夏の頃）の季節にちなんで、『百姓伝記』巻十「麦耕作集」の一節を読んでみましょう。

「麦をまき、夏作を作り、秋の菜、大根、そばを作る畑は、年中に三作なり。作毛ごとにやしないをよくするといえども（収穫が上がって養いは多くなるが）、土やせてかたくなること限りなし。されども土地の性、不性によるべし。なかでもそばの跡の地はやせること限りなし。そばを刈ってその根を残さず取り捨てて、地深く土地を打つべし（土を深く耕しなさい）。菜、大根をまいた後は、土がやせたといっても、麦のまき頃が遅くなっても、ひとしお念を入れ（耕し）なさい。とかく作人には無念がありてその徳薄し（いろいろと作っている人には不本意だろうが、うまくいきません）」

ひとしお念を入れて耕せとは、現代なら天地返し（表土と深い土を入れ替えること）を指していると思われます。

注目したいのは、麦やソバを作ると土がやせる、と散々に言われていること。巻十一「五穀雑穀耕作集」の「ソバをまく事」のなかでも「そばを作る畑、年々作りてはやせ地となる。土地を吸いとるものなり」と記されています。

化学肥料がなかった江戸時代は、地力をどのように維持するかが課題で、肥料として活用できるものは何でも使われた時代。あらゆるものを堆肥にする実例が、巻六「不浄集」でまとめられているほどで（詳しくは十月の「農書の知恵」を参照）、そのため土がやせることに敏感だったのでしょう。

このように悪くいわれる麦やソバですが、共にやせ地でも土の中の養分をしっかりと吸収する作物であり、とくにソバは飢饉作物として栽培されてきました。

現在では、麦やソバは化学肥料の多用によってバランスを崩してしまった慣行農法の畑をリセットして、有機栽培に切り替える時にも使われます。時代とともに作物の欠点が利点になることもあるのです。

六月

梅雨間の野良まわり

稲作農家では田仕事などで、畑が手薄になる時期ですが、夏野菜のわき芽を摘んだり、誘引《ゆういん》したりと実際は手数のかかる時期。

一雨ごとに野菜も大きくなります。

梅雨の晴れ間には足元に注意して畑に向かいましょう。

六月の主な作業

◎**芒種の頃** 【作物】ダイズ、アズキの種まき。【野菜】果菜類の整枝、摘芯《てきしん》、除草、敷きわらなどの管理。春まき野菜（葉菜・根菜類）中耕、追肥。【果樹】ウメの収穫。【花】ハボタン、プリムラ、ヒャクニチソウの種まき。キク、マーガレットの挿《さ》し木。チューリップ、ヒヤシンス、スイセンの球根掘り上げ。

◎**夏至の頃** 【作物】サツマイモの中耕、除草。麦の刈り取り。ジャガイモの収穫。【野菜】タマネギ収穫、貯蔵。キャベツ、ダイコン、ニンジン、葉菜類の収穫。【果樹】ナシ、リンゴの袋かけ。カキ、リンゴの摘果《てきか》。【花】ハナショウブの株分け。ツバキ、ツツジの挿し木。

【六月の農事暦】

※日付はおおよその目安です

1	
2	
3	
4	
5	◎芒種 ★旧暦5月1日頃
6	
7	
8	蟷螂生ず
9	
10	◎入梅
11	
12	
13	腐草蛍となる
14	
15	
16	梅の実黄ばむ
17	
18	
19	
20	
21	◎夏至
22	乃東枯れる
23	
24	
25	
26	
27	菖蒲華咲く
28	
29	
30	
7/1	
2	半夏生ず
3	
4	
5	
6	

暦解説

芒種《ぼうしゅ》
芒《のぎ》とは麦や米などの先端の細い毛のこと。梅雨の前に田仕事に追われることからこの名がついた

蟷螂《かまきり》生ず
カマキリが生まれる

入梅《にゅうばい》
梅雨の季節に入る最初の日。現在では、太陽が黄経八〇度を通過した日

腐草《ふそう》蛍《ほたる》となる
川辺でホタルが飛び始める。昔の人は腐った草がホタルに化生すると考えていた

梅の実黄ばむ
梅の実が黄色く色づき始める

夏至《げし》
一年でいちばん昼の長い日だが、太陽は梅雨空で見えず、アジサイの盛り

乃東《うるき》枯れる
別名を夏枯草《かこそう》。冬至の頃に緑の芽を出すこの草も、夏至には枯れる

菖蒲華《あやめはな》咲く
古くはアヤメと呼ばれたショウブの花が咲く

半夏《はんげ》生ず
漢方薬の一種、ハンゲ（カラスビシャク）が生え始める。この頃までに田植えを済ませる

季節のめじるし

菖蒲《しょうぶ》の花が咲いたら…ダイズ、ニンジン、アズキをまきましょう

旧暦の五月は新暦の六月、つまり梅雨の季節です。昔は梅雨空の下で端午《たんご》の節句を祝い、鯉のぼりを見上げていました。中国には、「鯉が滝を登りきると竜になる。この滝を竜門と呼ぶ」という登竜門にまつわる言い伝えがあります。雨降りの梅雨空に鯉のぼりを飾るのはここからきているのかもしれません。

旧暦五月は悪月《あしげつ》と呼ばれ、僻邪《へきじゃ》の風が吹くといわれています。よこしまな風とは病気を運ぶ風、人間も植物もこの時期は病気になりやすい時期です。菖蒲《しょうぶ》の葉で邪気を払うのは、ここからきています。

雑草や病害虫の発生も多い時期、仕事がとくになくても、一日一度は野良まわりをしましょう。「主人の足音は肥料より効く」という諺《ことわざ》もあります。「百の肥やしより、一時の旬」、適期の手当てを忘れない。野良まわりは野（畑）をよくする立派な畑仕事。畑と会話するのは百姓の楽しみです。菖蒲の花が咲くと雨と晴れ間が交互に続く、畑の種の芽吹きの盛り。ダイズ、ニンジン、アズキをまきます。

六月の畑仕事

梅雨の季節、畑に入る時は植物を傷つけないように

この月から暑気が日増しに激しくなります。前述したように、中国では旧暦の盛夏、五月は悪月とされて、僻邪の風が吹くといわれていました。僻邪の風は人間の体調も崩しますが、植物にも大敵で病害虫がもっとも発生しやすいのがこの時期です。植物も人間も病気に気をつけましょう。

六月十日（頃）は入梅《にゅうばい》。入梅は必ずしも実際の梅雨入りとは限りません。この時期は誘《ゆう》引《いん》や芽かきを行う時期ですが、病気のほとんどは水によってうつります。

植物の病気は人間と同じように、菌（胞子でうつる。人間では水虫など）や、細菌（バクテリアでうつる。蚊などが媒体となる。人間では食中毒など）、ウイルス（作業に使ったハサミなどでうつる場合も。人間ではインフルエンザなど）の三つの原因があります。これらのほとんどは水がなければ生きられず、発病することができません。

降雨時や雨のあとに畑に入る時は泥の跳ね返りに気をつけて、とくに土と作物の境の地《ち》際部《ぎわぶ》を管理中に傷つけないようにしましょう。

また、大きくなった植物がぐらぐらして地際に傷がついたり、隣の株と風で揺れこすれて葉が折れたりしないように、土寄せをしたり、しっかり支柱に誘引したりします。傷のない元気な表皮ができていれば植物は病気にかかりません。丈夫な体作りは人間も作物も一緒ですね。

◎六月上旬…農事暦では、六月五日(頃)は芒種《ぼうしゅ》。『蟷螂《かまきり》生ず。腐草蛍《ふそうほたる》となる(腐った草がホタルに化生すると昔の人は考えていました)。梅の実黄ばむ』とあります。ジャガイモの収穫を行います。トマトはこの時期までにわき芽をしっかり取っておきます。降雨の前後に行うと病気の原因になります。

◎六月中旬…初夏まきキャベツや早生ダイコンの種をまきます。梅雨の晴れ間にタマネギの収穫や貯蔵をします。

本格的な梅雨の時期です。水はけが悪い土では根が呼吸できないので、根腐れをおこすことがあります。作物の畝を高くし、横に雨水が流れる溝を掘ってあげましょう。

◎六月下旬…六月二十一日(頃)は夏至《げし》。『乃東《うるき》(別名夏枯草《かこそう》、ジュウニヒトエの古名)枯れる。菖蒲華《あやめはな》咲く。半夏《はんげ》(漢方薬の一種)生ず』とあります。ニンジン、夏ソバ、キビ、秋アズキ、秋ダイズをまきましょう。

野菜の気持ちになった仕立て方

植物の地上部と地下部（根）の体積比は一対一です（八三ページ）。地下部の大きさで地上部の大きさは決まってしまうため、実の数を少なくすれば一つ一つの実は充実して大きくなりますが、実をたくさんつけると、一つ一つは小さくなります。このため、トマトの場合は、わき芽（わき枝《えだ》）を取り、主枝の実を充実させます。

また、一つの実だけでは実が大きくなりすぎて味がぼけてしまったり、雨のあとに実が割れてしまったりするおそれもあります。それで、スイカの場合は、通常、つるを三本に仕立てて実を各つるに一個ずつつけます。

植物は本来、たくさんの実をつけて種（子孫）を残したいという本能を持っています。ですが、

図表16　植物を傷めない誘引法

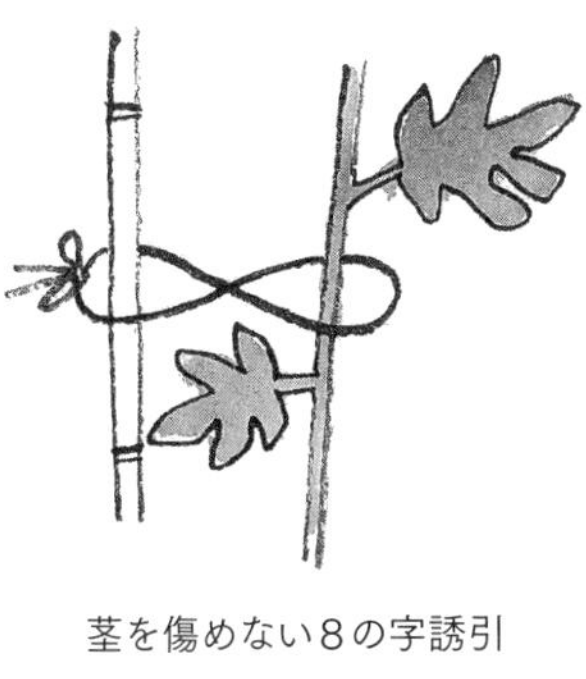

茎を傷めない8の字誘引

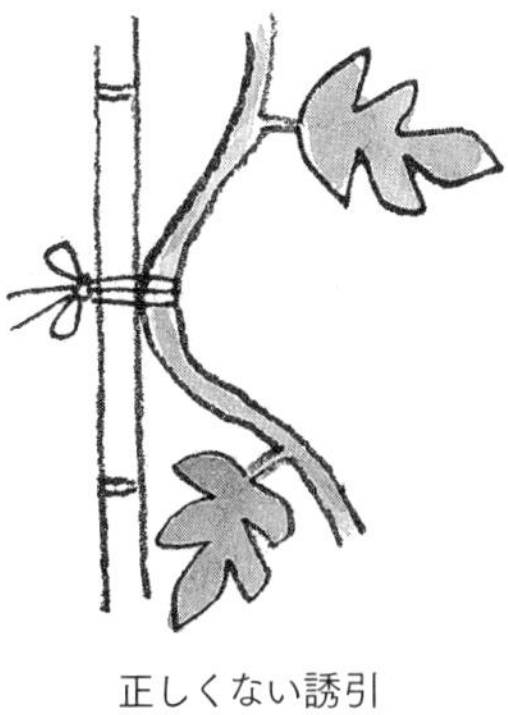

正しくない誘引

人間は種ができる前の実を食べたいのです。野菜の気持ちになったら、やっと実を結んだものを種ができる前に人間に取られてしまうわけです。やっと種を残せると思ったのに、実がなくなったので急いでまたほかの花芽を作ります。人間はこの性質を利用して、ナスやピーマンなどその年の最初にできた実は早めに取ってしまいます。次の実を生らせるためです。花の栽培の花がら摘みも同じ理由で行います。収穫時に摘まないと次の実がよく生らないのもこのためです。このことはインゲンやキュウリ、ナスなどでもよく見られます。

野菜の茎は一雨ごとに生長し、太くなります。支柱に誘引する時にきつく縛ると首がしまった状態になり、養分が上に上がっていきません。余裕のある誘引法、8の字誘引を行いましょう（九五ページ図表16）。

梅雨と植物

農家はしっかりと晴雨を予知しなければなりません。畑を持つと天気予報に関心を持つようになります。春、花曇りの日に雨を心配し、早めに洗濯物を取り入れたり、野山に出かけられないことがありませんでしたか。秋の畑仕事もにわか雨が心配ですね。

昔からいわれている雨降り予知のポイントをあげてみましょう。

●ツバメが低く飛ぶ（つまり、ツバメの餌の蚊やハエが低く飛ぶ）
●ヒキガエルが多く出る
●アリが卵を運ぶ
●大きなカタツムリが出る
●ヘビが多く出る
●夕日が暈《かさ》をかぶる
●星が近く大きく見える

などです。

また、季節の中では春は寒く、夏は蒸し、秋は涼しく、冬は暖かいと、雨が降る予兆となります。

畑のトウモロコシの根張りが平年より深い年、つる草の節間が平年より短くて数が多い年、草木の葉の葉脈が太く多い年、カラスが高木に巣をかけない年は、大風があるといわれています。あなたの畑、今年のトウモロコシの根張りはどうですか。

天気の悪い日が続くと植物も気分がふさぐのは人間と同じ、元気に生きる知恵を自然に身につけているのですね。

野良まわりのヒント

台所の窓から見えるものを食べるのは、人生の幸せ

私が以前、パーマカルチャー（持続可能型農業や暮らしのデザイン）を研修したニュージーランドには、「台所の窓から見えるものを食べるのは、人生の幸せ」という言葉があります。簡単にいえば「遠くの産地の野菜より、地元で生産された野菜や作り手の顔の見える作物、食物を選ぶほうが安全で美味しい」ということです。この本を読んでいる皆さんも同じ目的で野菜を作り始めたのではありませんか？

自分の庭で花と一緒に野菜やハーブを栽培することを「キッチンガーデン（台所の庭）」といいます。勝手口のすぐ近くに月桂樹《げっけいじゅ》の木がある。ベランダのコンテナにトマトとバジルが仲よく並んである。台所にパセリの鉢植えがある。料理によく使うタマネギや葉ネギなどをできるだけ家の近くに植えたい。大好物で毎日使う野菜がある。それならば花壇に野菜や果樹も一緒に植えてしまおうという考え方です。

観賞と実益を兼ねたこの庭にさらに、できるだけ農薬を使わないで栽培したい人には、コンパニオンプランツ（共栄植物・一〇一ページ）がお勧めです。たとえば、トマトやキュウ

りなどのそばに根コブ線虫を寄せつけないマリーゴールドを植えることで、病気を抑えるなどの効果があります。

最近はバックヤード（裏庭）で苗を育てて、大きくなったら表の花壇に移植する観賞用のキッチンガーデンもあります。しかし、皆さんはいつも料理で使うハーブなどを台所の近くで栽培してみてはどうでしょうか。畑でもコンテナでもかまいません。赤ジソやオオバ、ネギ、ショウガを育てて薬味として使う、ミントのコンテナを置いて摘んだ葉でフレッシュハーブティーを飲むなど、あなたも「台所の窓から見えるものを食べる人生の幸せ」を体験してみてください。

比較的に狭いスペースに野菜を植えるキッチンガーデンでは、毎年同じ畑で同じ野菜を作ることによっておこる連作障害（詳しくは十月で説明）が心配です。連作障害を受けやすい野菜を順にあげておきます。

●とくに受けやすい（強）…**スイカ、ナス、エンドウ、ゴボウ**

●比較的受けやすい（中）…**トマト、ピーマン、サトイモ、トウガラシ**

●いくらか受けやすい（弱）…**キュウリ、インゲンマメ、ソラマメ、レタス、ハクサイ**

ナスとトマトは同じナス科、同じ科の組み合わせは違う野菜でも連作障害になりやすいので注意が必要です。

また、生育期間の長いものと短いものを上手に組み合わせないと、畑を耕したり、植え替えたりする時の能率が悪くなります。二月の作業で取り上げたゾーニング（四九ページ）をしっかりとして、畑をブロックごとに組み合わせることが大切です。

●定植後数年は動かさない野菜…**ニラ、アスパラガス**
●種まきから収穫までが長い野菜…**ネギ、タマネギ**
●種まきから収穫までが半年…**ナスやピーマンなどの果菜類**
●種まきから収穫までが三カ月…**ハクサイなどの葉菜類、ダイコンなどの根菜類**
●種をまいてすぐ食べることができるもの…**ブロッコリー、芽キャベツなどのスプラウト**

野菜の土壌との相性も考えなければいけません。酸性に強いものと弱いものは隣り合って栽培することはできません。

●酸性に弱い野菜…**ホウレンソウ、ネギ、タマネギ、レタス、キャベツ、ハクサイ、アスパラガス、オクラ**
●酸性に強い野菜…**スイカ、サツマイモ、ジャガイモ、サトイモ**

このように考えると、キッチンガーデンをしっかりと作るには、かなりの知識と経験が必要であることがわかってきます。台所の横の小さな畑ですが、これができればプロ顔負け。あなたもチャレンジしてください。

相性のよい植物どうしを植える

コンパニオンプランツ（共栄植物）とはともに栄える植物、相互に助長し合う植物、つまり植物どうしの相性がよいものをいいます。また、逆に相互に抑制し合う植物（相性が悪いもの）も広くは含まれます。シュタイナー農法（バイオダイナミック農法）と呼ばれるヨーロッパで一般的な有機農業で用いられる代表的な手法です。

相性のよさは「病気を防ぐ」「害虫を寄せ付けない」「風よけ」などから、「風味をよくする」「色を鮮やかにする」「香りを強くする」など幅広く、多くは経験から導き出されています。代表的なコンパニオンプランツの例をあげます（一〇二ページ図表17）。

ここには、よい組み合わせの例をあげました。発芽や生長を抑制する組み合わせもあります。香りの強い植物に防虫効果があるように思われます。まだ日本では研究の浅い分野で参考書も少なく、洋書の翻訳がほとんどですが、日本古来の農書でもウリ科の株の根元にネギを植えるとつる割れを防ぐなどの記載があります。

図表17　代表的なコンパニオンプランツの例

カボチャ	＋ スイートコーン	生長を助長する
カブ	＋ エンドウ	生長を助長する
キュウリ	＋ マメ類 スイートコーン	生長を助長する
キャベツ	＋ マメ類 サルビア ハッカ	生育を助長する
キャベツ	＋ トマト サルビア	モンシロチョウ駆除に効果あり
スイートコーン	＋ 早生バレイショ	相互に生長を助成する
セロリ	＋ インゲン タマネギ	生育を助長する
トマト	＋ パセリ アスパラガス 早生キャベツ	相互に有益に作用する、風味がよくなる
ニンジン	＋ ニラ ネギ	相互に有益に作用する、風味がよくなる
バラ	＋ ニンニク	相互に生長を助成し、バラの収量と芳香をよくする
バラ	＋ タマネギ パセリ	生育を助長する
ハツカダイコン	＋ インゲン エンドウ	生育を助長する
カリフラワー	＋ セロリ	生育を助長し、モンシロチョウを駆除する
マメ類	＋ ニンジン カリフラワー	生育を助長する

ヘレン・フィルブリック／リチャード・B・グレッグ共著『共栄植物とその利用』（富民協会）

六月
畑仕事に生かす 農書の知恵

『百姓伝記』巻十二「蔬菜《そさい》耕作集」から、夏野菜の定植について読んでみましょう。

一つ目はナスについてです。「なすびの苗は真葉（本葉）五つ六つ出、黒色に見え、力出てきて後植えよ。植える畑はかまをきりて（苗を定植する場所を鍬《くわ》で掘り）、肥やしを入れ置き、湿りを持って植えるべし（湿った状態で植えなさい）。日の照らば、ふたをしてしのげ（日が照っているときは日陰を作れ）。また植えるとひとしく小便をかけよ。とくと有《あり》付《つき》まで不浄を肥やしにすべからず。小便斗をよきものとしれ（植えると同時に小便をかけなさい。花が咲き実が生るまでは人糞堆肥は与えてはいけない。小便がいちばんです）」とあります。

二つ目はキュウリです。「木ふり（きゅうり）に種色々あり。実の先が青色、白色、黄色とあり。また長いものも短いものもある。味はみな同前（同じ）なり。春の彼岸のうち、また土用過ぎまでも植える。早きほど数なるものなり（早く植えるほどたくさんとれる）」とあります。

三つ目は正保《しょうほう》年中（一六四四〜四八年）に南蛮国より渡来と記されたスイカ。「西瓜を植えるには、他の瓜と同時なり。二月彼岸の頃より春の土用過ぎまでも植える。宝土のよきに従って大きくなる（よい畑ほど大きな実が生る）」と書かれています。今では、苗を定植することが当たり前の野菜も、当時は種をまいてそのまま育てるものもあり、さまざまです。残念ながらトマトはこの時代は日本に入ってきていません。

水を好むナスについては、ウリに比べると記述の内容も多く、説明も丁寧です。不浄の堆肥を苗が生長する「栄養生長期」には与えないで、実の生る「生殖生長期」に与えるのは、じめじめとした畑で未発酵の堆肥が腐敗し、病気や害虫が発生するのを防ぐためだったと思われます。農書に学ぶナスの定植の知恵ですが、くれぐれも市民農園では「植えるとひとしく小便を」は、やめておきましょう。

七月

収穫の喜び

小暑、大暑と続く夏の真っ盛り、畑に麦わら帽子の影もくっきり。拭《ふ》いても、拭いても汗が吹き出てきます。人間はこの暑さにまいってしまいますが、畑の野菜たちにとっては強い日光と夕立は生長の好条件。葉と実を次々と茂らせ、収穫を迎えます。

七月の主な作業

◎**小暑の頃**　**【作物】**スイートコーン、ダイズ、アズキの除草。**【野菜】**夏まきキャベツ、ニンジン、カリフラワーの種まき。ネギの定植。夏どり果菜類の収穫。**【果樹】**ミカン、カキの摘果《てきか》。ナシ、ミカンの追肥。モモ、スモモ、イチジクの収穫。果樹園の草刈り。**【花】**キクやバラの追肥。

◎**大暑の頃**　**【作物】**サトイモの土寄せ、灌水《かんすい》。**【野菜】**夏イチゴのランナーより苗とり、仮植え。**【果樹】**モモの徒長《とちょう》枝を間引く。**【花】**花木の剪定《せんてい》。ダリアの仕立て（摘芽《てきが》、誘引《ゆういん》、切り戻し）。

【七月の農事暦】

※日付はおおよその目安です

1	2	3	4	5	6	7	8	9	10	11	12
◎半夏生						◎小暑 ★旧暦6月1日頃		温風至る			

13	14	15	16	17	18	19	20	21	22	23	24
蓮始めて花咲く				鷹すなわち学習す		◎土用入			◎大暑		

25	26	27	28	29	30	31	8/1	2	3	4	5
桐始めて花咲かす				土潤うて溽暑す					大雨ときどき行う		

暦解説

半夏生《はんげしょう》
半夏《はんげ》は仏教用語。各地の僧侶が一堂に集まる九十日間の修行「夏安居《げあんご》」の中間日。梅雨も後半へ

小暑《しょうしょ》
梅雨明け近く日差し強く、暑さも始まりセミも鳴く

温風《あつかぜ》至る
夏の風が吹き始める

蓮《はす》始めて花咲く
朝の涼しい中でハスの花が咲く

鷹すなわち学習す
タカのヒナは飛ぶことを覚え空に舞う

土用入《どよういり》
立秋前の十八日間。土用とは各季節の終わりの十八～十九日間をいう。夏の土用はウナギで有名

大暑《たいしょ》
夏至から数えて約一カ月、蝉しぐれ、夏の盛り、学校は夏休み、小暑と大暑の間に出すのが暑中見舞い

桐《きり》始めて花咲かす
キリの花が咲き、実を結ぶ

土潤うて溽暑《じょくしょ》す
溽暑とは蒸し暑いこと。陽気が土を潤して蒸し暑い

大雨《たいう》ときどき行う
夕立がときどき降る

朝顔が咲いたら…ニンジン、キャベツ、ブロッコリーをまきます

季節のめじるし

半夏生《はんげしょう》、農事暦ではこの日までに田植えをすることが大切でした。強い日光と夕立で生長好調、葉が茂り、トマト、キュウリ、ナス、ピーマンなど夏野菜の旬を迎えます。

夏の土用、江戸中期の博物学者・平賀源内《ひらがげんない》はこの日には夏バテ防止に鰻《うなぎ》を食べることを勧めました。人間にとっては夏バテの季節でも、植物にとっては草茂る生殖生長の時期で、実をつけ、種を結ぶもっとも充実した季節です。

日中は暑い盛り。朝顔が咲いている涼しい朝に畑仕事を終えましょう。農家は暑い日中に畑仕事はしません。暑い日中は日陰で昼寝。涼しい朝夕に畑に出ます。

七夕に織姫《おりひめ》と彦星《ひこぼし》に手芸と書道、詩歌の上達を願ったことから、七月を文月《ふみづき》といいます。サトイモの葉にたまった朝露が蒸発して天に昇っていく様子から、サトイモの朝露を集めて墨をすり、短冊に願いを書くとかなうといわれています。現代ではつい忙しく、農事日記もサボりがち、文月は日記の文と心得て。

七月の畑仕事

種が落ちる前に、草取りをしましょう

七月は夏草がピークを迎える時期です。旅行で一週間ほど畑を空けると、畑が草だらけなどということもよくあります。

この頃の畑の雑草をよく見てみると、穂が出て実を結んでいるのがわかります。八月まで除草をしないと種が落ちて、翌年とても苦労をします。本当の「一粒万倍日《いちりゅうまんばいび》」になってしまいます。夏草の茂る速さは私たちの想像を超えています。

また、雑草は虫たちの格好の棲家《すみか》になります。

昔の人はこれらの害虫を螟螣蟊賊《めいとうぼうぞく》と大別しました。螟《めい》は芯を食べること、螣《とう》は葉を食べること、蟊《ぼう》は根を食べること、賊《ぞく》は節を食べることです。

主に稲作の害虫が多いのですが、トウモロコシなどにも被害が広がります。これらの虫の多くはバッタやイナゴの類ですが、畑の夏草の茂みに棲《す》んでいます。

あなたの畑が草だらけになってしまうと、周りの畑や田んぼに大きな迷惑をかけてしまいます。畑の中だけでなく畝間や通路の除草もしっかりと行いましょう。

◎**七月上旬**…農事暦では、七月七日（頃）は小暑《しょうしょ》、七夕です。『温風《あつかぜ》至る（風が暖かくなる）。蓮《はす》始めて花咲く。鷹すなわち学習す（タカのヒナ鳥が飛ぶ練習を始める）』とあります。ニドナリ（インゲンマメ）、ダイコン、夏まきキャベツ、カリフラワーなどをまきましょう。五月にまいたネギなどを定植するのもこの時期です。梅雨の残り、潤いのある時期に行いましょう。トウモロコシの除草も忘れずに。

◎**七月中旬**…この頃から果菜類の除草や夏草を刈り、秋作以降のマルチや堆肥の準備を始めます。サトイモの土寄せも行いましょう。夏野菜の収穫が最盛期を迎えます。

◎**七月下旬**…七月二十二日（頃）は大暑《たいしょ》。『桐《きり》（白桐）始めて花咲かす。土潤うて溽暑《じょくしょ》す（蒸し暑い）。大雨《たいう》ときどき行う（夕立がときどき降る）』とあります。ニンジンをまきます。北海道では二作目のジャガイモを植える時期です。イチゴからランナーが出て新しい苗が出てきます。苗とりをし、仮植えをします。

植物の適性に合った場所で栽培する

皆さんは「適地適作《てきちてきさく》」という言葉を知っていますか。同じ畑で同じ場所に植えてあるのに、ある植物は炎天下でしおれ、ある植物は生き生きと葉を茂らせる。これは日なたや乾燥を好む植物と、日陰や、湿潤を好む植物との違いがあることからおこります。この植物の適性に合わせた場所に栽培することを「適地適作」といいます。

たとえば、私の住む静岡県ではリンゴを栽培することができません。また、青森県ではミカンを上手に栽培することができません。これは、リンゴが夏期冷涼な温帯地域、コーカサス地方が原産なのに対して、ミカンが温暖な中国浙江省《せっこうしょう》の原産で、長く九州で栽培されていたことに深い関係があるのです。

最近、「ハーブの栽培にチャレンジしているがうまくいかない」という相談をよく受けますが、石灰質の土壌の多い、地中海沿岸などが原産地のハーブは、酸性が強い日本の土壌ではなかなかうまく育たないのです。

野菜の原産地を知ることは、その野菜の適地を知ることです。あなたの畑を原産地に近い状態にしてあげることが、野菜作りの第一歩です。

たとえば、ジャガイモに新聞マルチ（七四ページ）をすることで、原産地に似た微気象を作り出すことができます。ジャガイモの原産地はアンデス山脈のチチカカ湖辺です。地理的条件としては、「雨が少ない」「昼と夜の寒暖の差が激しい」ことが考えられます。

新聞でマルチをすると、
●新聞紙が雨を通さないため土が直接ぬれない
●新聞が蓄熱体（熱を吸収し保温する）となり昼間の地温を上昇させる
といった適地に似た環境条件を作り出し、マルチをしないジャガイモに比べて、ホクホクした甘みのあるジャガイモがとれるのです。

先ほどのハーブの栽培で適地を作り出すのに、パーマカルチャー（持続可能型農業や暮らしのデザイン）の技術で「スパイラルハーブガーデン」という技術があります。石組みでらせん状の立体花壇を作り、頂上部に乾燥を好むハーブを、下に行くにしたがって湿潤を好むハーブを栽培し、いちばん下には小さな溜め池を作ります。

石組みは太陽の熱を蓄え、上から浸透した雨水は余剰の肥料分を溶かしながら下の溜め池に溜まります。汲み上げて水やりに使えば肥料も無駄になりません（図表18）。

図表18　スパイラルハーブガーデン

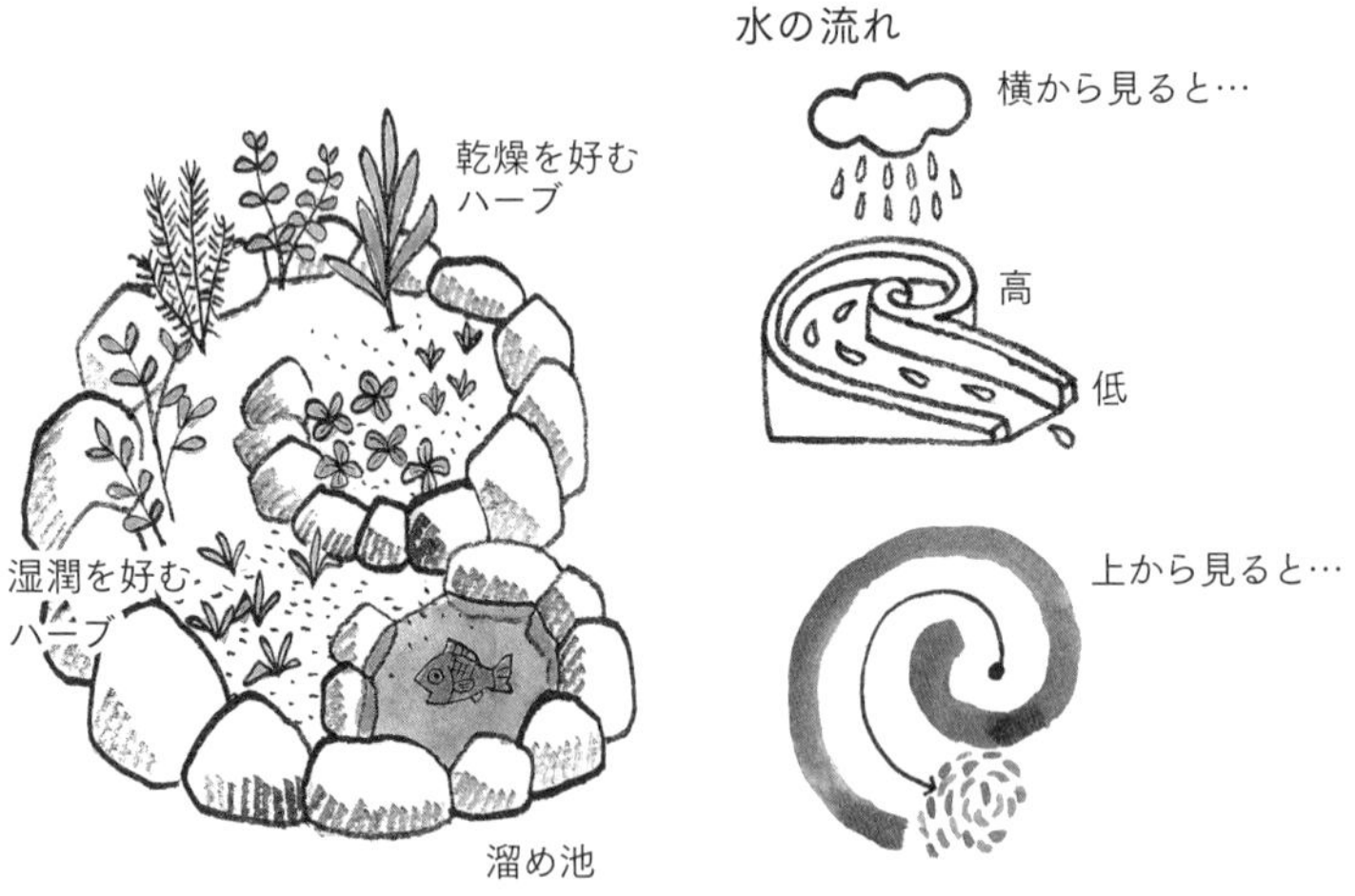

夏野菜はいつまで栽培するか

収穫の喜びを迎えた夏野菜（果菜類）、いつまで野菜を収穫し、いつ片付けるか、せっかく作った野菜を畑から抜くのはもったいない……。園芸家ならいつも迷うところです。片付けを延ばせば、九月の初めまでトマトやインゲン、キュウリも実をつけ続けます。でも……、野菜のライフサイクルで考えてみましょう。

六月　野菜はまだ二十代。体を作る栄養生長の時期です。いちばん初めについた実を生らしておくと木が充分に育ちません。小さいうちに実を取っておきましょう。まだまだ、体を作る栄養生長の時期です。

七月　野菜は三十代を迎えます。花を咲かせ実を結ぶ生殖生長の最盛期です。病気もなく、けが（キズ）もない見事な果実がとれます。毎日、朝と夕は畑に出て、収穫をします。この時、果実を見落として大きな実にしてしまうと、栄養が木にまわらないので株に大きなダメージを与えます。

八月中旬　野菜は四十代。トマトは実にえんだり（ヒビが入ること）、キュウリは受粉が不充分なためにヒョウタン形になったり、ナスは皮がこすれて傷になったりします。

八月下旬　野菜は五十代。六月、七月の健康管理がしっかりしていればまだまだ大丈夫。

でも、葉の先端が枯れたり、実の皮がかたくなったりします。

九月　野菜は六十代。ナスのように、切り戻せば側枝を伸ばし実をつけるものもありますが、ほとんどの株はお疲れさまでした。土から抜いて細かくチップにしてコンポストへ。株に病気がついているかもしれないので、そのまま畑に残さないようにします。

次にくる秋野菜のためにも、夏野菜は八月の中下旬には片付けましょう。

野良まわりのヒント

多様性のある畑を作る

狭い庭でたくさんの作物を作りたい。こんな欲張りの人は、庭にジャングルを作ってみませんか。これを植物の重層化といいます。自然は放置しておくと、荒地↓草原↓雑木林↓森、と植物が遷移していく自然の習性を持っています。これをサクセション（遷移）といいます（図表19）。

森はこのサクセションの完成型（クライマックス）なのです。庭や畑に雑草が生えてくるのは自然の持っている遷移の力なのです。私たちの農業はこのサクセションを草原の段階で押さえつけて管理しようとするものです。

私たちの国「日本」の「本」は、書籍の本でもあります。この文明を意味する言葉は、木を横棒一本で切り倒している字、木＋一＝本なのです。私たちは木を切って薪《まき》を作り燃料にし、切り株を開墾し畑にすることで「文明」を手にしたのです。人間の本（オリジン）は木を切ることで手に入ったのです。そう考えると、農業は一種の環境破壊であるともいえます。

この反省点に立って生まれたのが自然農法です。この自然農法の技法の中に立体農法という考え方があります。畑を森の状態（クライマックス）にして生産性を上げようという試みです。

図表19　サクセション（遷移）

昔から果樹園の下にコンニャクイモを作るなど、簡単な植物の重層化は行われてきました。中低木は日陰を作り、落ち葉はマルチになります。微気象を作り出し、多様性のある庭をあなたも作り出してみませんか。

たとえば、ヤマイモは木につるをはわせて立体面を有効利用。コンニャクイモは日陰を好むので常緑樹の下に植えます。トウモロコシはコンニャクイモの夏の日よけや風よけ、エンドウの支柱代わりに。ダイコンは収穫することで中耕になり、キャベツなど根が浅い植物はマルチ代わりになります（図表20）。

図表20　立体農法（模式図）

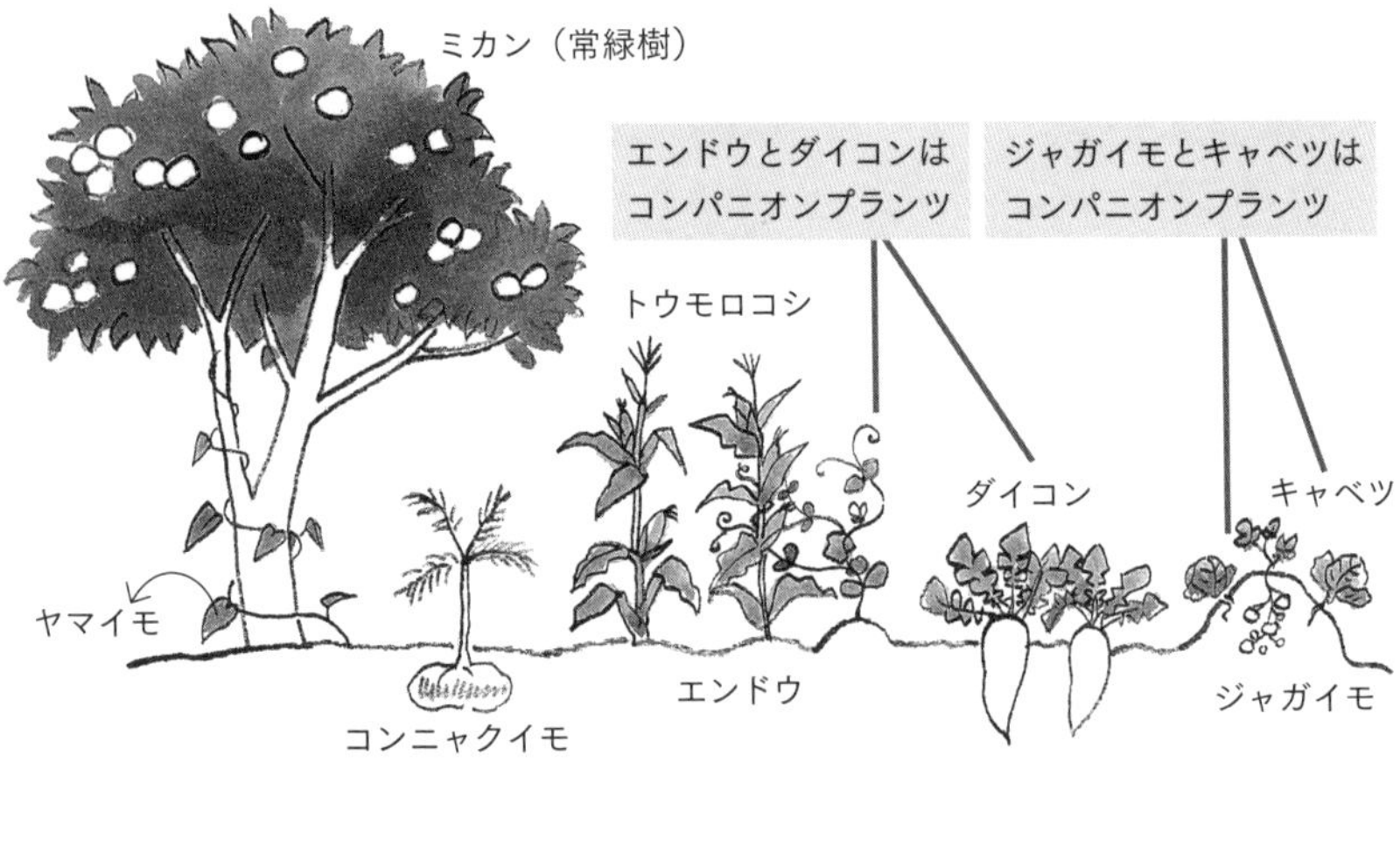

七月 畑仕事に生かす農書の知恵

『百姓伝記』巻十一「五穀雑穀耕作集」では、穀類の栽培も載っていますが、豆類の記載も多く、農民の暮らしに豆類が広く普及していたことがわかります。

ちなみに、ダイズを早どりしてエダマメとして食べる記載はありません。夏豆という言葉が出てきますが、これがエダマメを指しているかもしれません。実はエダマメは、奈良・平安の時代から文献に記載があり、江戸時代には「枝付き豆」「枝成り豆」と呼ばれる夏の風物詩でした。『百姓伝記』に記載がないのは、種をまいて育て、種をとり、翌年またその種をまくというダイズの栽培サイクルを考えると、未熟なまま収穫して食べるエダマメは、百姓たちには邪道だったのかもしれません。

「大豆をまく事」の章には、**「まめをまくに、わせ・なかて・おくまめあり。そのなかにいろいろまめあり。時分相応に植えもし、まきもせよ」**とあります。ダイズには早生・中生・晩生など色々な種類があるけれど、時期がきたら植えてもよいしまいてもよいよ、とずいぶん大らかな書きぶりです。

一方で、**「大かた暖国はわせ・なかてまめよし、おくまめは必ずやまい付き、枝葉多くなり、さやつかず。土地にきらい多し**（暖かい地域は早生か中生がよい、晩生は必ず病気が付いていて、枝葉ばかりが大きくなって、さやが付かない。土地によって合う、合わないがある）」ともあります。

先ほどは適当にまけば、と言っておきながらその土地に合った品種を選びなさいと強調し、この後土の性質による適性、地域と品種の特性について延々と説明が続きます。ダイズの栽培方法は簡単ですが、品種と土地との相性が深いのです。

全国のダイズの種が通信販売やインターネットで手に入る現代だからこそ生きる知恵が、ここには記されています。京野菜に代表される、伝統野菜（在来野菜）が昨今見直されています。あなたも地域の在来ダイズを探してみませんか。

八月

夏の農繁期

農耕をする人がもっとも忙しい時期、農繁期です。
旧盆は、忙中《ぼうちゅう》これ閑《かん》有り、農繁期の一休み。
収穫したエダマメを食べて、ビールを飲んで。
盆踊り、花火をみて、夏の農作業で疲れた体を、
ゆっくりリフレッシュ。
ここで、しっかり体を休めて厳しい残暑を乗り切ります。

八月の主な作業

◎**立秋の頃**　**【作物】**ダイズ、アズキなど作物全般の除草、追肥。秋ソバの種まき。**【野菜】**夏野菜（キュウリ、ナス、トマト、スイカ）収穫。早生ダイコン、夏まきキャベツ、ホウレンソウの種まき。**【果樹】**ナシ、リンゴの袋かけ。**【花】**パンジー、デージー、キンセンカ、キンギョソウの種まき。秋植え球根花壇の元肥施肥。

◎**処暑の頃**　**【野菜】**秋ダイコンの種まき。ハクサイの種まき育苗。**【果樹】**モモ、ナシ、早生リンゴ、ブドウ、イチジク収穫。**【花】**ハボタンの移植。キク、ダリア、コスモスの摘芽《てきが》。

【八月の農事暦】

※日付はおおよその目安です

日付	
1	
2	
3	
4	
5	
6	
7	◎立秋 ★旧暦7月1日頃
8	
9	
10	涼風至る
11	
12	
13	寒蝉鳴く
14	
15	
16	
17	
18	蒙霧升降
19	
20	
21	
22	
23	◎処暑
24	
25	綿柎開く
26	
27	
28	天地始めて粛す
29	
30	
31	
9/1	
2	禾乃登
3	
4	
5	

暦解説

立秋《りっしゅう》
この日から立冬前日までが秋。実際は、一年でいちばん暑い時だが、盛りに終わりの気配を探すのも日本人ならでは

涼風《すずかぜ》至る
秋の気配がして涼風が吹き始める

寒蝉《かんせん》鳴く
朝晩にツクツクボウシの声が聞こえる

蒙霧《ふかきり》升降《まとう》
濃い霧があたりに立ちこめるようになる

処暑《しょしょ》
暑気の終わり。稲の花が咲く初秋の頃、二百十日や二百二十日を昔から農家の人は警戒

綿柎《わたはなしべ》開く
ワタの花開き、実を結ぶ

天地始めて粛《しゅく》す
暑さも収まり全ての実が新たな実を結ぶ

禾乃登《いねすなわちみのる》
穀物が熟し早稲《わせ》が実る

季節のめじるし

鶏頭《けいとう》の花が咲いたら…ニンジン、ハクサイ、ワケギをまきましょう

八月七日（頃）は立秋《りっしゅう》。残暑の厳しい時期ですが、暦では秋の気が立ちます。夕方に畑から虫の音が聞こえてくる頃です。この日を境に暑中見舞いが残暑見舞いに変わります。

日本三大農書と呼ばれている『会津農書』の中に農作業の心得を和歌の形でまとめた『会津歌農書』というユニークな記述があります。この中で草取りのポイントについて、**「三たび取る其の数かくな畑の草　おこたるならば作りみのらじ**（草取りは一シーズン三回にしましょう）。**畑の草まず三たびとぞ心得よ　しげらば又やとりておぎなえ**（それでも足りなければさらにもう一度補いましょう）」と歌っています。

現実は草が大きくなれば種もつきます。そこで、**「実りなし取り草畑に置くならば　その翌年や思いやらるる**（雑草の種は畑に落ちないように、取った草は別の場所に捨てましょう。そのままマルチに使ってはいけないよ）。**日照りには朝夕はらえ畑の草　日のなか取るな作りいたむぞ**（朝夕しか取ってはいけない）」とあります。草取りが実はいちばんの重労働。夏バテしないよう乗り切りましょう。

八月の畑仕事

収穫、草取り、跡地の整理をします

夏野菜の収穫と夏草の除草の繰り返し、毎日畑に通わないと大きくなりすぎたオバケキュウリや皮がかたくなってしまったナスが出現します。夏草も早く取らないと種がこぼれてしまいます。「収穫の喜び」が「収穫の苦しみ」に変わらないように、午前中の涼しい時間に野良まわりを済ませましょう。

八月を通じて、キュウリ、ナス、トマト、ピーマン、スイカの収穫をします。

◎**八月上旬**…農事暦では、八月七日(頃)は立秋《りっしゅう》です。『涼風《すずかぜ》至る(秋風が立って、涼風を感じ始める)。寒蝉《かんせん》鳴く(ツクツクボウシが鳴き始める)。蒙霧升降《ふかきりまとう》(霧が立ちのぼり、降りてくる)』とあります。まだ、種をまくものはありませんが、ワケギ、ヒル、大ネギ、ラッキョウの苗は九月上旬まで植えてかまいません。

収穫したトマトやキュウリが食べきれない時は、トマトソースやピューレ、ジュース、ピクルスなどの保存食に挑戦してみましょう。

◎**八月中旬**…キャベツ、ホウレンソウ、タマネギをまきます。夏野菜の収穫もピークを過ぎる頃です。夏野菜の跡地の整理をしましょう。病気の夏野菜の残渣《ざんさ》（残りくず）は畑に残さないで焼却することが好ましいです。病気でない残渣は細かくカットして、土と牛糞堆肥と一緒にコンポストに集めて堆肥にしてから翌年に畑に戻します。畑を耕し、秋作の準備を始めましょう。

◎**八月下旬**…八月二十三日（頃）は処暑《しょしょ》、暑気の季節の終わり。『綿柎《わたはなしべ》開く。天地始めて粛《しゅく》す（天気昇り、地気降り、物あらたまり、万物の実が新たに実る）。禾乃登《いねすなわちみのる》（穀物が熟し、早稲《わせ》が実る）』とあります。秋ダイコン、アブラナ、コマツナ、レンゲ（緑肥用）はまき時です。レンゲは根に根粒《こんりゅう》菌がついて空気中の窒素を固定する働きがあります。ばらまきで種をまき、春先に土の中にすき込んでしまいます。

野菜の陰陽をバランスよく

ヨガや東洋医学の考え方に食べ物の「陰」と「陽」という考え方があります。陰性の物は体を冷やす、陽性の物は体を温めるといわれています。これを縦軸に、酸性（血が汚れて病気になりやすい）とアルカリ性（血をきれいにし、病気になりにくい）という横軸を加えたのが食のバランスシートです（図表21）。

バランスシートの中心に穀物がきて、陰性の調味料に酢が、陽性の調味料に味噌としょ

図表21　食のバランスシート

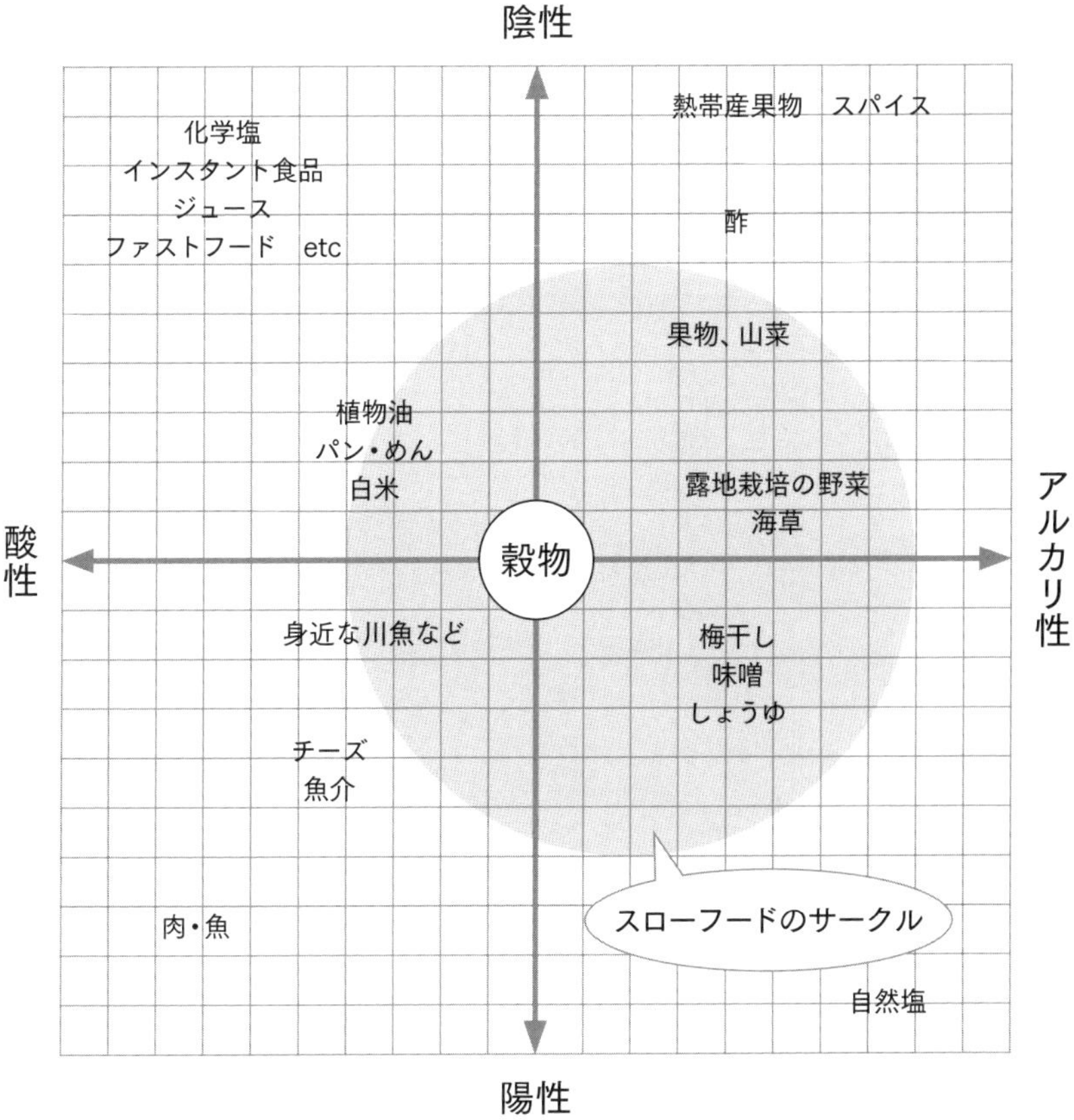

大谷ゆみこ著『未来食』（メタ・ブレーン）を参考に作成

うゆがあります。たとえば夏は体を冷やす「酢の物」を食べて、冬は「豚汁、味噌汁」で体を温める、という例が理解しやすいと思います。

野菜も露地栽培の旬（いちばんたくさんとれて美味しい時期）がそれぞれの陰と陽に関係します。夏の野菜（トマト、キュウリ、ナス、スイカ、ピーマン）はサラダなど生で食べるので体を冷やす陰性の食物、冬が旬の野菜（レンコン、ハクサイ、ネギ、ニンジン、サトイモ、ゴボウ）は熱を加えて食べるので、体を温める陽性の食物となります（カボチャは夏野菜ですが陽性です）。

暑い夏には陰性の物を、寒い冬には陽性の物を食べて、体を中庸《ちゅうよう》に保ちましょう。冷え性の女性は陰性の野菜を食べすぎないように気をつけましょう。

野良まわりのヒント

旧暦で七夕を

七夕は、七月七日の夜に天の川を渡って年に一度だけ逢うことが許された牽牛星《けんぎゅうせい》と織《しょく》女星《じょせい》の星伝説から生まれた行事です。牽牛はわし座の一等星アルタイル、織女はこと座の一等星ベガの漢名で、和名ではそれぞれ彦星《ひこぼし》、織姫《おりひめ》と呼ばれます。

最近の七夕の日の、あなたの住む地域のお天気はどうですか。私の住む静岡ではここ数年負け越し（雨の夜が多い）です。新暦七月七日はほとんどの地域がまだ梅雨の真っ最中で、晴れる確率はとても低くなります。今でも七夕行事を一カ月遅れの八月七日に行う地域がありますが、もともとは旧暦七月七日（新暦八月頃）に行われていた行事です。その頃になれば梅雨もすっかり明けて、夜空に天の川を仰ぎ見ることができます。

旧暦七月七日頃は上弦の月（半月）にあたります。この夜、天の川を見上げるとちょうど月の明るさと天の川の明るさが同じくらいになり、天の川がなくなったように見えるため、天の川の両端にいる織姫と彦星が逢うことができるのです。また、ある地域では半月が西の空に沈む時に舟の形に見えるため、この舟に乗って織姫と彦星が逢うともいわれています。

生け花の世界では、この日は「七夕会《たなばたえ》」といって、生け花上手が一堂に会し作品を競います。立秋のあとの生け花は、秋の七草を飾ったのでしょう。山上憶良《やまのうえのおくら》が詠んだ、秋の七草の一つ「朝貌《あさがお》」は実は桔梗の花であったとか。七夕は実は初秋の行事であったのです。

天も地も季節折々にその時だけの表情を見せてくれます。今年は、旧暦で七夕を楽しみましょう。

八月

畑仕事に生かす農書の知恵

農書では八月は秋の扱いとなります。ここでは、ダイコンについて『百姓伝記』巻十二「蔬菜《そさい》耕作集」を見ていきましょう。

「大根種に色々ありて、味も同じからず。また宝土の善悪によって味わいもかわり多し。何国のいかなる村里にても、土地の深き処をなお深く打ちおこし、やしないを多く入れて大根をまくに、太く長く葉もしげらずということなし。やまいなくよく育ちたるは味わいも能なり」とあります。ダイコンには種類が色々あって、味も同じではない。また土質のよし悪しによっても味わいが変わってくる。どこの国のどんな村里においても（栽培する時には）畑を深くさらに深く耕して、肥料を多く入れて種をまけば、太く長く葉も大きく育つ。病気にならないで育った大根はとてもよい味になる、ということです。

七月の「農書の知恵」で紹介したダイズと同じく、伝統野菜（在来野菜）の大切さがここでも示されています。現代と共通の栽培ポイントは、**「土地の深き処をなお深く打ちおこし」**。つまりしっかりと耕すこと。大根十耕《じっこう》（ダイコンをまくには畑を一〇回耕しなさいという意味）と同じですね。

農書はその土地の篤農家が記したものが多く、東海地域在住とされる『百姓伝記』の作者は、**「近年上方《かみがた》（大阪）にも江戸にも夏大根の種とて別にあり**（別の種類がある）**。まいて育ちきはやし。時分ならぬ故、根より腐りすたる**（まいてからの生育は早いが、いつの間にか根から腐ってしまう）**」**と書いており、そのあと**「筆紙に述べがたし。口伝ならではなりがたきことなり」**と、いつもの明確さが消え、うまく説明できないと正直に述べています。

「東西に長く、南北へは短く、薩摩の磯を頭とし、奥州の浜を尾となし、臥《ふし》たる竜のごとし」と作者が記す日本ですが、今は全国共通の教科書で季節を学ぶ時代。そんな時代だからこそ、私たちがしっかりと自分の住む地域の気候風土を学びたいものです。

◎コラム

渡り鳥が教えてくれる

農事暦にはたくさんの鳥が登場する。なかでも季節を伝えてくれるのが、秋に北から飛来するガン、カモ、夏に南から飛来するツバメなどの渡り鳥だ。夏に山から里に下りてくるホトトギスも小さな渡り鳥といえる。

農書『百姓伝記』の冒頭には総論「四季集」があり、その中にも「二月節にうつり、色々椿の花さく。（中略）雁友をもよおして北東に向かい、本拠へかえる」「四月立夏土用過ぎるとひとしく、ほととぎす山にも里にもなき渡る」「五月（中略）水鳥巣を出てあそぶ。（中略）つばめの子うぶたつ（産立つ。生まれること）」「八月のおわり、せきれい（麦まき鳥、稲あふせ鳥ともいう）渡る」と出てくる。日本人は古来自然や動植物、鳥の鳴き声など自然のサインに気を配っていたのだなと感心する。

八月の項には続いて二つの古歌が載せられている。

あしの葉をくはふる雁《かり》がねをぞなく
こころなき子はをやのわづらい

雁がねはガンの中でも体の小さな鳥で、蝦夷《えぞ》（北海道）に渡る時、海岸線を渡っていくが、鳴き声をたてると、森に棲《す》む鳶《とび》や鷹《たか》、鷲《わし》に襲われてしまうので、アシの葉をくわえて飛んでいくのだそうだ。ところが親鳥の言うことを聞かないで、途中でアシを放して声を出す子どものガンは襲われてしまう。親鳥（先人）の教えを聞かないと、大変なことになるよ、年寄りの言うことはよく聞きなさいといっている。

草も木も色かはりゆく秋かぜに
南にかへるはつかりのをと

草木の色が変わりゆく秋に、いちばん先に帰るガンを初雁《はつかり》という。その羽音や声をよく聞きなさい。自然の変化、季節の変化に敏感に。

渡り鳥から「歴史に学び、時代を読む力」を養う。単なる農業の指導書ではなく、人生を教える哲学書になっているところが、江戸の農書の魅力である。

九月

二百十日を無事過ぎて

二百十日は暴風の特異日、農家の厄日。
農家は八月下旬から九月中旬までは
台風の心配が絶えません。
あなたの畑は大丈夫でしたか。
二百二十日の厄日を乗り切ると十五夜《じゅうごや》、
秋分を過ぎると風立ちぬ、秋です。

九月の主な作業

◎**白露の頃**　**【作物】**サツマイモ早掘り。ラッカセイ、アズキ、トウモロコシの収穫。**【野菜】**ダイコン、ホウレンソウ、秋まき菜類の種まき、発芽後の間引き、中耕、追肥。タマネギ、ネギの種まき。**【果樹】**ミカン類の追肥。**【花】**キンギョソウ、キンセンカ、ヤグルマソウの種まき。カーネーション、アスターの収穫。

◎**秋分の頃**　**【野菜】**ハクサイ、夏まきキャベツの定植。ネギ追肥、土寄せ。**【果樹】**ナシ、カキ、クリ、リンゴ、ブドウの収穫、お礼《れい》肥《ごえ》。果樹園の除草。**【花】**スイセン、ヒヤシンス、ユリの定植。プリムラ、シネラリアの鉢上げ。鉄砲ユリ、グラジオラスの掘り上げ。マリーゴールド、ホウセンカ、アスターの種とり。

【九月の農事暦】

※日付はおおよその目安です

1	◎二百十日
2	
3	
4	
5	
6	
7	◎白露　★旧暦8月1日頃
8	
9	草露白し
10	◎二百二十日
11	
12	
13	鶺鴒鳴く
14	
15	
16	
17	
18	玄鳥去る
19	◎彼岸入
20	
21	
22	◎秋分
23	
24	
25	雷すなわち声を収
26	
27	
28	蟄虫戸をふさぐ
29	
30	
10/1	
2	
3	水始めて涸れる
4	
5	
6	

《暦解説》

二百十日《にひゃくとうか》　立春から数えて二百十日目。台風が訪れやすい特異日

白露《はくろ》　秋の気配が高まり朝晩は冷え込み、朝の野草にしらつゆが光る

草露《くさつゆ》白し　朝、草に降りた露が白く光る

二百二十日《にひゃくはつか》　立春から数えて二百二十日目。台風が訪れやすい特異日

鶺鴒《せきれい》鳴く　水辺ではセキレイが鳴く

玄鳥《つばめ》去る　ツバメが南に飛び去る

彼岸入《ひがんいり》　彼岸入から四日目が「彼岸の中日」

秋分《しゅうぶん》　暑気も終わり、昼と夜の長さがそろう日。夏の名残の中にも小さな秋が見え隠れ

雷すなわち声を収《おさむ》　この頃から入道雲から鰯雲へ、雷の音も聞かれなくなる

蟄虫《かくれたるむし》戸をふさぐ　虫たちも土に籠り、冬籠りを始める

水始めて涸《か》れる　川や田んぼの水気も枯れ始める

季節のめじるし

萩の花が咲いたら…ホウレンソウ、ダイコンをまきます

葉菜類の種を早くまきたくなる頃です。農書『百姓伝記』には「(旧暦)八月中(秋分)より雷ならずといえ、諸虫穴に入りて、口をとじ、水をふせぐ」「白露《はくろ》の秋となる(中略)な(菜)・大こんの耕作をいそぐ」と書いてあります。秋分を過ぎなければ害虫は穴に入らない、まいても虫が食う。涼しくなり害虫が発生しなくなってから霜に強い葉ものを作る。どんなに急いでもまくのは白露を過ぎてから、とあります。

なかでも作りにくいのがホウレンソウ(イラン原産。雑草のアカザの仲間)です。ホウレンソウは酸性土が苦手(日本の畑は酸性土)、乾燥もダメ、湿った畑も嫌うことから、芽が均一に出てくれません。『農業全書』をひもとくと「たねを水に浸して和らげ、取上げかわかし、灰に合わせ(土壌をアルカリ性にして)、(中略)萌え出でてしろみず(米のとぎ汁)をそそぎ、苗長くなるを見てしきりに糞水をそそげば、よくさかゆる物なり」とあります。一方、ダイコンは「種子の分量の事、一反の畠に凡《おおよそ》五六合を中分とすべし」と種の分量の注意のみ。古人もホウレンソウには苦労していたのです。

九月の畑仕事

秋野菜作りにチャレンジしましょう

九月九日は重陽《ちょうちょう》の節句、でも新暦ではまだキクの花もちらほらです。九月十九日彼岸の入り、二十二日秋分、二十五日彼岸明け、秋の気配がやってきて、植物のライフサイクルでは実りの秋を迎え、種になり休眠期を迎える頃です。これから実をつける果菜類をまくことは、露地栽培ではできません。

今からは、葉や根を食べる葉菜類（半結球や非結球の葉菜類）や根菜類を栽培します。これを秋野菜といいます。種まき、発芽後の間引き、追肥、中耕除草は春の作業と変わりません。

夏野菜が終わった畑にも充分な堆肥《つみごえ》を与えて、秋野菜をまきましょう。ダイコンなどの根菜類の種は、まだ日の昇らない早朝か、日が落ちて土壌の熱が冷めない頃にまきます。充分に熟した堆肥を施さないと害虫の発生の元になります。

初級者は春野菜の失敗を成功の糧にして、病害虫の少ないこの時期に秋野菜にチャレンジしましょう。

◎**九月上旬**…農事暦では、九月七日(頃)は白露《はくろ》です。『草露白《くさつゆ》し。鶺鴒《せきれい》鳴く。玄鳥《つばめ》去る』とあります。ダイコン、カブ、ツケナ、キョウナ、タイサイ、ハクサイ、カラシナ、シュンギク、レタス、ミツバ、キャベツ、ブロッコリーなどをまきましょう。遅めの夏まきキャベツも定植はこの時期までに。

◎**九月中旬**…ハクサイやダイコン類、岩槻ネギ(葉ネギ)、夏ゴボウなどはまき時をずらしながら十一月上旬までにまき、苗を作りましょう。

◎**九月下旬**…九月二十二日(頃)は秋分《しゅうぶん》。『雷すなわち声を収《おさむ》。蟄虫戸《かくれたるむし》をふさぐ。水始めて涸《か》れる』とあります。ソラマメ、三月ダイコン、秋キャベツ、ミブナなど、まき時をずらして十月下旬までまいて差し支えありません。

畑でミミズに会っていますか

大自然のコンポスト(ミミズ)について説明しましょう。

収穫の終わった夏野菜の株を、畑から抜くとき、ミミズや土壌に棲《す》む生き物たちが顔を見せることがあります。あなたが自分の庭の花や野菜と同じぐらい庭の土に愛着を持っていたら、それはとてもすばらしいことです。よく、日本人は「水と安全はタダ」と思っているといわれますが、「土もタダ」と思っている人も多いようです。

私の大好きなアメリカの作家でシンプルライフの提唱者、H・D・ソローは著書『ウォールデン・森の生活』の中で「天国は僕たちの頭上だけでなく足下にもある」と言っています。生きた土の中でこそ作物はゆったりと育ちます。畑の土の中に棲む「ミミズ」に今回は注目してみましょう。

ミミズは英語でアースワーム（Earthworm）と呼ばれています。直訳すると「大地の虫・地球の虫」です。有機質を含んだ、湿った土に棲んでいて、大量の土を食べて土壌を耕してくれる大切な動物です。日本では〝身見ず（ミミズ）〟と呼ばれ、少し嫌われ者ですが、『種の起原』を著したダーウィンが晩年に「大地の鍬《くわ》」と讃えて研究したのがミミズなのです。土壌の浸食が進むニュージーランドやオーストラリアでは、このミミズが現在注目を浴びています。

私たちが畑で見るミミズは、大きく二種類「フトミミズ」と「シマミミズ」です。雨の日に道路に出てくる、土を食べて土壌をやわらかく、ふかふかに団粒化してくれるのがフトミミズ。生ゴミや堆肥の下に集まっているのがシマミミズ。後者のシマミミズは残飯を食べ、優良な肥料である糞と、これもまた優良な液肥であるオシッコを生産してくれる大変有用なミミズで、ドイツやオーストラリア、ニュージーランドではこのミミズをコンポストの中に飼って生ゴミを処理する「ミミズコンポスト」がとても盛んです。

実は私もシマミミズを飼っています。ミミズは甘い物が大好き。ちなみに私の飼っているミミズの好物はブドウの皮とスイカの皮。嫌いなものは酸っぱい物、ミカンの皮は苦手です。

野良まわりのヒント

秋は、月と語り合う

旧暦では毎月十五日の月は親しみをこめて「十五夜《じゅうごや》」と呼んでいます。その中でも旧暦の八月十五日は、空気が澄んだ秋の夜空にとくに美しく「中秋《ちゅうしゅう》（旧暦八月十五日の称）の名月」と呼んでお祝いしていました。平安時代はその夜に舞を舞ったり、歌を詠んだりしていたのですが、実りの秋も近いことから収穫祭的な意味合いを込めて「芋名月《いもめいげつ》」と呼んで、サトイモやサツマイモ、秋の七草を飾り、団子をお供えするようになりました。今でも東南角に月見台を置き、供物を供え、部屋の中を暗くして、月の明かりを楽しみます。団子の数は十五夜にちなんで十五個（下段八個、中段四個、上段二個、最上段一個）。豊作を祈願して供えるススキの本数も、三本、五本、十五本と奇数にします。

旧暦九月の十三日の夜は、もう一つの名月「十三夜《じゅうさんや》」です。少し欠けた小望月《こもちづき》を見ながら、ほぼひと月遅れの「栗名月」「豆名月」。栗や豆をお供えし、お月見をします。お団子の数は十三個（下段八個、中段四個、上段一個）。十三夜は「後の月《のちのつき》」と呼ばれ、中秋の名月と十三夜の両方を見ることがよいとされました。どちらか一方しか見ないのは「片見月《かたみづき》」といって縁起が悪いのです。この時期は二百十日、二百二十日の暴風の特異日あと。刈った稲を天日に干す時期によい天気が続くように願っていたのかもしれません。刈り取った稲が秋の長雨でぬれては大変です。

中秋の名月から十三夜まであなたの田畑に晴天が続き、稲刈りが無事に終わりますように。

月のパワーと植物

「月は植物の主である」という言葉が古代インドにあります。これは古代インドに限らず、中国や江戸時代の農書でも作物と月との関係を重要視したものが多く見られます。

ヨーロッパの代表的な有機農業技術であるシュタイナー農法（バイオダイナミック農法）にも野菜や作物の種まきをする時に月のパワーを借りる方法があります。秋野菜であなたも試してみませんか。

これは新月から満月に向かう時、上弦の月は栄養生長（葉や茎など植物の体を作る働き）が活発になり、満月から新月に向かう時、下弦の月は生殖生長（花を咲かせ、実をつけ、種を結ぶ働き）が活発になるという考え方です。

旧暦の生活では月の前半は種まき、後半は定植となるわけです（図表22）。実際に露地栽培で旬の野菜を作ってみると、ほとんどの野菜がこの流れにそっているのがわかります。

このような月の満ち欠けのサイクルに従った活動リズムが生物界に存在することが、だんだんわかってきました。満月に動き出す虫もいるといわれています。新月には虫がつか

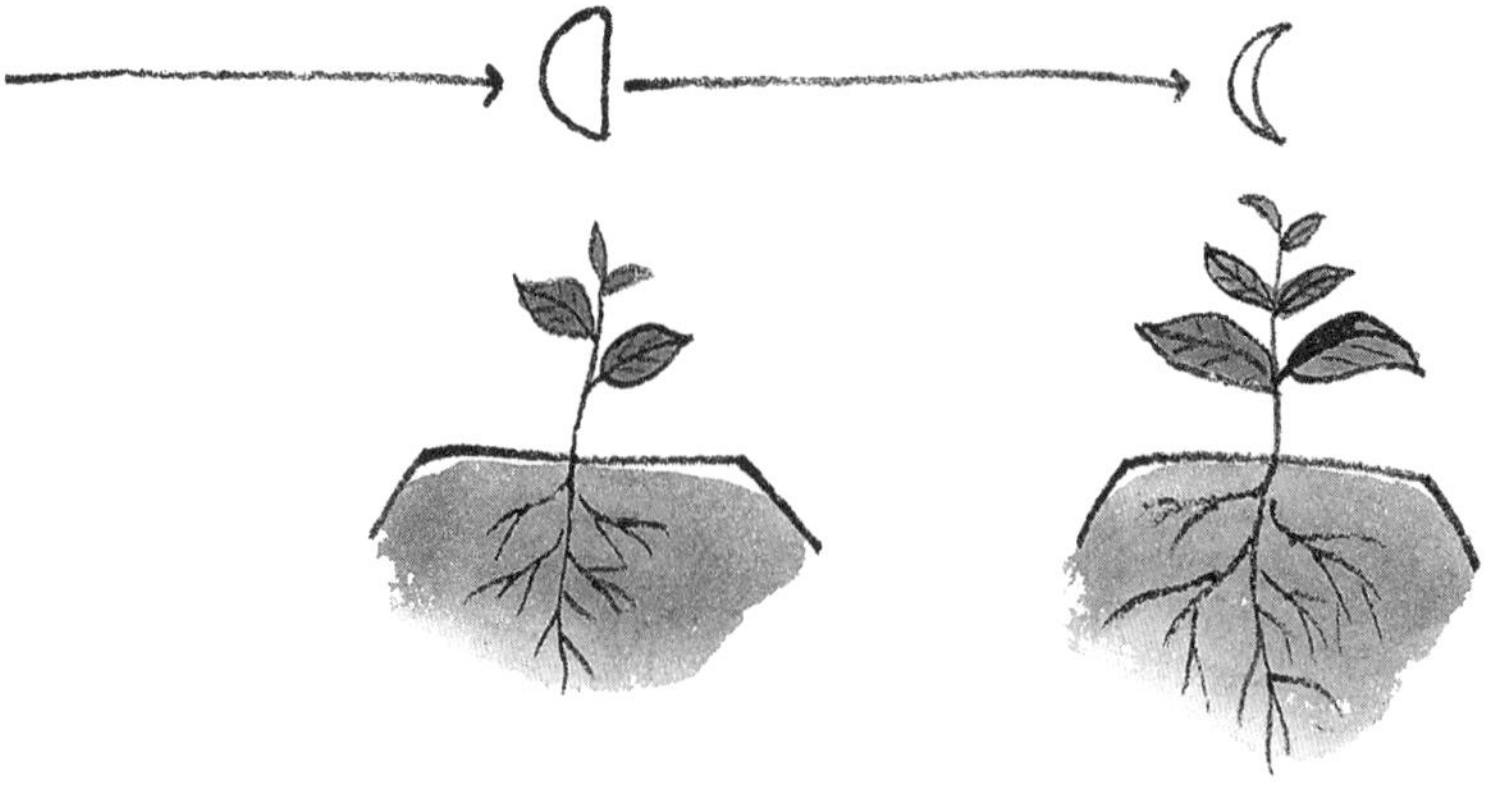

次の７日間、株の地上部は生長せず、根がしっかりと出る。

最後の７日間で地上部が生育を始める。

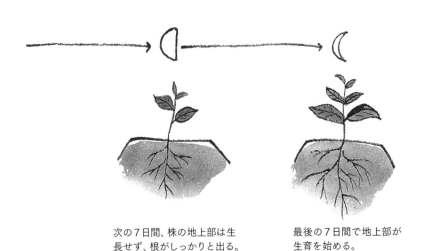

ないので、冬季の新月期に伐採した木は虫がつきにくく、割れや反りが少ない良質な木材になると、森林関係者はいいます。

　生き物は月のシグナルを受け取っているのでしょうか。サンゴが満月の頃にいっせいに産卵する話は有名ですが、家畜やミミズも月のリズムを繁殖のためのタイミング調整に使っているといわれています。人の生体リズムにも影響を与えるとの説もあり、満月や新月の頃には出産が増加すると指摘したレポートもあります。潮の満ち干だけでなく、月が地球上の生き物に与える影響はいろいろあるようです。不思議ですね。

図表22　月の満ち欠けと植物の生長

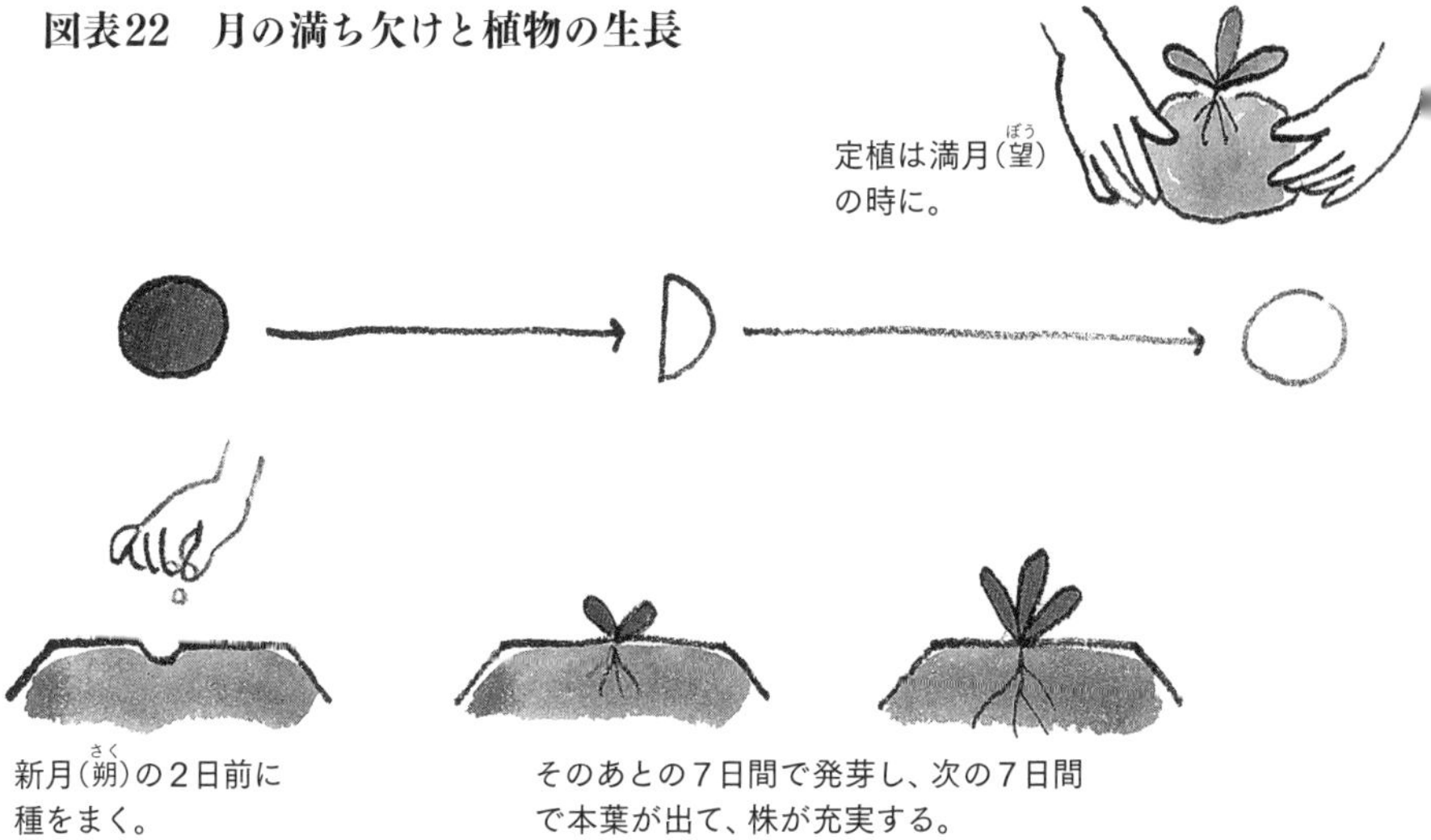

九月

畑仕事に生かす農書の知恵

『百姓伝記』に書かれている野菜の中で、いちばん作るのが簡単な野菜を探してみたら、ありました。「大小農共なし（大農でも小農でも関係なし）」として、だれでも作れると書かれている野菜です。短い文章なので原文のまま全文を示します。何の野菜か当ててみてください。

「〇〇を作るに、何国のいかなる村里にも植えずと伝事、大小農共なし。多くは居屋敷まわりの畑のへりに植置て、耕作なしに捨置、かり取喰ふ。畠の土流れずしてよし。然ども〇〇はそくこわし。年々植直してよし」

〇〇を栽培するのに、どこの国のどのような村里でも植え付けたなんて聞いたことがない。篤農家も駄農も関係ない。多くは家の屋敷近くの畑のへりに置いといて中耕なんかもしないでおき、刈り取って食べる。植わっていれば畑の土が雨で流れないので便利だ。しかるに毎年〇〇を細く株分けしたら植えなおせばよい、と書かれています。

わかりましたか？　答えはニラです。

ほかにもラッキョウやミョウガ、フキ、シソ、三つ葉、セリなどが作るのが簡単だと述べています。農書は有用植物の宝庫です。『百姓伝記』にはほかに、変わったところでケイトウの花も味がよくて毒が少ないから作るとよいと書かれています。ケイトウの花は別としても、これらの野菜はみな香味野菜とか薬味と呼ばれているものです。「多くは居屋敷まわりの畑のへりに植置て」とあるように台所の近くに栽培され、「かり取喰ふ」という表現で「食す」のではなくちょっとぞんざいな感じで書かれていますが、当時の農家の食卓が意外にも豊かで多彩であることが伝わってきます。

また、江戸時代にもキッチンガーデンがあったことがわかります。私たちも、洋風のハーブだけではなく、日本のこれらの香味野菜を台所の近くで栽培してみてはどうでしょうか。

◎コラム

不思議とよく効く、満月から四、五日後の防除

「月の満ち欠け」を野菜作りに取り入れている人が、最近、増えている。長野県泰阜《やすおか》村に暮らす宮澤《みやざわ》茂與《しげよ》さんもその一人だ。トマト一〇アール（ハウスの夏秋栽培）とアスパラガス二五アールを栽培している宮澤さんは、実際、「薬剤散布の回数が以前の半分以下になった」と効果を実感している。

宮澤さんは「やすおか村産直組合」のメンバー。同産直組合は、より美味しく安全な野菜を作って、直接消費者に届けようと平成十八年に一七軒の農家が集まって立ち上げた。

宮澤さんたちが月のリズムを栽培に取り入れるようになったのは五年前。「生物は月のリズムにより生育がコントロールされている」と聞いてからだ。

最初は半信半疑だった。しかし、有志を募って月のリズムに合わせてトマト栽培をしたところ、余計な労力や経費を使わずに、美味しいトマトができた。一緒に取り組んだ組合員からも、「すごい」の声があがった。

宮澤さんがとくに効果を実感しているのが、害虫防除だ。「害虫は満月に産卵孵化《ふか》するので、昨年は、殺虫剤をその四、五日後に散布したところ、虫の発生はほとんど見られなくなり、月一回の防除で激減した」と話す。

自宅で食べる野菜のほとんどを自家菜園で作るという千葉県印旛《いんば》村の田中美智子《たなかみちこ》さんは、「秋まきのハクサイやダイコンを新月にまく」と決めている。田中さんは三年前、新月に種まきをするとよいと聞き、試してみると、ヨトウムシがつかないことに驚いた。「周りではヨトウムシがついて困ると言っているのに、この三年間うちのハクサイにはつかないというのは、新月にまいたせいではないか」と話す。

月の満ち欠けと作物の関係。自然界の仕組みは不思議なものだ。

十月

秋を迎えて

「天高く馬肥《こ》ゆる秋」――秋晴れが続いて、食べ物が美味しく馬も太ってくるとの意味です。厳しい冬の前に、家畜に滋養を与えておくようにとの意味もあります。

食べ物が美味しくて人も肥ゆる秋ですね。お世話になっている畑もお礼肥《れいごえ》で滋養をつけて。

十月の主な作業

◎**寒露の頃**　**【作物】**サツマイモ、ダイズ、コンニャクイモ、秋ソバの収穫。**【野菜】**ホウレンソウ、コマツナ、キョウナなど春どりの葉菜類の種まき。春どりキャベツの種まき。ネギの土寄せ。**【果樹】**リンゴ、キウイフルーツ、早生温州ミカン、晩生ナシの収穫。**【花】**スイートピー、ルピナスの種まき。チューリップ、アイリス、ヒヤシンス、ユリなどの球根の定植。

◎**霜降の頃**　**【野菜】**ニンジン、ダイコン、ソラマメ、エンドウマメの種まき。キャベツ、カリフラワーの移植。イチゴの定植。ダイコンやハクサイなどの追肥。**【果樹】**カキの収穫、渋ガキは渋抜き。クリの収穫。果実収穫後の果樹への元肥施肥。**【花】**ボタン、シャクヤク、スズランの株分け。カンナやダリアの根茎掘り上げ。

【十月の農事暦】

※日付はおおよその目安です

1	
2	
3	
4	
5	
6	
7	
8	◎寒露 旧暦9月1日頃
9	
10	鴻雁きたる
11	
12	
13	菊の花開く
14	
15	
16	
17	
18	蟋蟀戸に在り
19	
20	
21	
22	
23	◎霜降
24	
25	霜始めて降る
26	
27	
28	霎時々施す
29	
30	
31	
11/1	
2	楓蔦黄なり
3	
4	
5	

暦解説

寒露《かんろ》
晩夏から初秋にかけて、秋分から十五日後、草々には冷たい露が結ぶ

鴻雁《こうがん》きたる
ガンが北から渡ってくる

菊の花開く
薫り高いキクも花咲く

蟋蟀《きりぎりす》戸に在り
家の中にキリギリス（コオロギ）が入ってきて鳴き始める

霜降《そうこう》
北国や山間地では霜が降り始め白化粧。木枯らしはこの日から立冬までに吹く北風をいう

霜《しも》始めて降《くだ》る
初霜をみる頃

霎時《しぐれ》々施す
小雨がときどき降る

楓蔦《もみじ》黄なり
カエデやツタが紅葉を始める

季節のめじるし

金木犀《きんもくせい》の香りの中で… ネギ、ゴボウ、ミツバの種をまきましょう

秋の七草を知っていますか。

「秋の野に　咲きたる花を　指折りかき数ふれば　七種《ななくさ》の花」

「萩《はぎ》の花　尾花《おばな》　葛花《くずばな》　撫子《なでしこ》の花　女郎花《おみなえし》また藤袴《ふじばかま》　朝貌《あさがお》の花」（山上憶良《やまのうえのおくら》）

尾花は今のススキのこと。十五夜（旧暦八月十五日）にはススキなどの秋の七草と団子やイモを飾ってお祝いします。翌月は「十三夜」（旧暦九月十三日）、栗や豆をお供えして収穫に感謝します。

十月は五穀の取り入れの最盛期。まさに収穫祭の月です。サツマイモやダイズ、果樹園のある人はミカンやナシ、キウイフルーツ、カキ、栗の収穫を迎えます。

紅葉の便りも聞かれる秋本番。神々が出雲《いずも》に集う神無月《かんなづき》。

金木犀《きんもくせい》が咲いたら、ネギ、ゴボウ、ミツバの種をまきましょう。九月にまいたダイコン、ハクサイ、ホウレンソウなどの施肥をしましょう。

十月の畑仕事

人も畑もメンテナンスの季節です

「稲刈り」と「麦まき」の季節です。一つの田畑で二品以上の作物を栽培することを二毛作といいます。春から夏の稲と秋から冬の麦の栽培は二毛作です。あなたの畑は一年に何作つくりますか。絶え間なく畑を使っていると畑の地力も落ちてきます。

夏の疲れが出てくるのは人間も畑も同じです。体も畑もメンテナンスの時期です。来年の準備として稲刈りの済んだ農家の人に頼んで稲わらをもらっておきましょう。

◎**十月上旬**…農事暦では、十月八日(頃)は寒露《かんろ》。草葉に冷たい霧が降ります。『鴻雁《こうがん》きたる(ガンが北から渡ってくる。初雁《はつかり》)。菊の花開く(キクの花が咲き始める。旧暦の九月九日、重陽の節句です)。蟋蟀《きりぎりす》戸に在り(キリギリスが戸の中に入ってきて鳴く)』とあります。ホウレンソウやコマツナ、キョウナなど春どりの菜類をまきます。小麦はこの時期から十二月中旬までまきます。夏ネギ、フキ、ニラなどは株分けをします。

◎**十月中旬**…タカナやダイコンも品種によって十一月上旬までまき、栽培できます。春ダイコン、ソラマメ、エンドウ、春どりキャベツの種をまきます。

◎**十月下旬**…十月二十三日(頃)は霜降《そうこう》。『霜《しも》始めて降《くだ》る(初霜をみる)。霎時《しぐれ》々施す(小雨がときどき降る)。楓蔦《もみじ》(カエデやツタなどの紅葉樹)黄なり(黄色くなる)』とあります。三寸ニンジンをまきます。春どりキャベツやカリフラワーの移植をしましょう。ネギの土寄せをします。

連作障害を防ぐ工夫

あなたの今年の夏作を振り返ってみましょう。トマトやナス、スイカなどの果菜類の生育《そだち》が悪い、病気になりやすい、結実が悪い(実の形がよくない、皮が厚い)などの現象が現れたら、連作障害の可能性があります。

毎年同じ畑で同じ野菜を作ることによっておこる病気や生育不良を「連作障害」といいます。原因がいくつか考えられます。

原因1　同じ肥料分(栄養)を野菜がとることで、土壌中の栄養分に偏りがでる

野菜にはそれぞれ大好きな栄養があります。窒素が好きだったり、マグネシウムが好きだったり。毎年同じ肥料を与えて同じ野菜を栽培していると、その野菜が食べ残した栄養素が土の中に溜まっていきます。数年後には嫌いな栄養素が畑の中に多くなり、土壌中の栄養分に偏りがでるのです。これはダイコンなどによく見られます。

そこで、間作《かんさく》に麦やソバを植えると、畑に残された栄養を全て吸収してくれ、畑の栄養素をリセットしてくれます。

原因2　初めは少しだった病原が毎年畑に溜まって、ある年に大発生する

キャベツには菌核病《きんかくびょう》という、菌によっておこる病気があります。この菌はキャベツのない時には畑の中で眠り続けキャベツが植えられると発生し、徐々にその数を増やしていきます。そして、ある年のキャベツ畑で病気が大発生します。野菜の残渣《ざんさ》（収穫した後の残り）をその畑に戻さないのはこのためです。

原因3　同じ野菜を植え続けることによって自己中毒をおこす

植物の根の周りにはその植物を好む微生物が多く生息します。これらの微生物はそのほかの植物が生育するのを防ぐ働きをします。また、ほかの植物の繁殖を阻害する物質を出す植物もあります。野菜ではありませんが、セイタカアワダチソウがそうです。しかし、原因はわかりませんが、何年か経つと自分の出した阻害物質に自分が中毒症状をおこしてしまいます。

原因4　連作による土壌の栄養不足

もっとも単純な原因です。園芸の世界にはいちばん初めに作った野菜がいちばんよくできた、という話をよく聞きます。収穫した野菜の分だけ、堆肥を畑に戻してあげることは当然のことです。

畑は使えば使うほど消耗されて、栄養素や土壌微生物に偏りがでてきます。除草剤や化学肥料を多く使えば、その偏りはさらに大きくなり、最後にはその土地は死んでしまいます。たとえば一九六〇年代に、「緑の革命」と呼ばれる、化学肥料・農薬・多収穫品種・機械化によって開発途上国の農業を改善する運動がありました。インドなどで実施され人類から飢えをなくすといわれましたが、多収穫品種の導入と土壌の搾取、塩類集積などの原因から十年ほどで畑が死んでしまい、失敗に終わっています。

連作障害のもっともよい対策としては、輪作《りんさく》（畑をローテーションで使う）と間作《かんさく》（作物と作物の栽培の間に麦やアブラナ、レンゲをまいて春先にすき込む）があげられます。

野良まわりのヒント

畑は子どもの五感を育む

畑で子どもを見かけることが少なくなりました。残念です。前述しましたが、保育園はnursery school《ナーサリースクール》（nursery＝苗畑・種苗場）と呼ばれます。幼稚園は英語でkindergarten《キンダーガーテン》と呼ばれています。これは本来、ドイツ語の「子ども（キンダー）の庭（ガルテン）」から由来しており、ドイツの幼児教育の父・フレーベルが自分の幼稚園をキンダーガルテンと呼んだのが始まりとされています。つまり、子どもと畑は密接に結びついていました。ドイツの有名なクラインガルテンは、当初、シュレーバー医師が子どものために作った市民農園が好評を博し、やがて大人の農園に発展したものです（詳細は十一月を参照）。

小さな子どもを育む場所を庭や畑と呼び、市民農園の発生が子どもの菜園であったということは、私たちにとって大切な意味を含んでいます。近年、教育問題で悩む米国ではリハビリテーションのための園芸療法が、学習障害を持つ子どもや、小学校や幼稚園などで人権や平等、平和を学ぶプログラムとして取り入れられています。

それではなぜ、庭や植物が子どもの発育に必要なのでしょうか。

子どもの発達段階は次表のように人類の文化史的発達をなぞっているというユニークな考え方があります（一四六ページ図表23）。

私の娘は三歳の頃、公園で近所の子どもが遊んだエアガンの小さな玉を見つけて集めるのが大好きでした。これはこの時期の発育特性の一つです。この時期に森でドングリ集めや、浜辺で貝殻集めを体験することが、自然に親しむことなのです。発育特性に合った時期に適正な体験をすることが大切です。

皆さんはお盆などに両親の故郷に帰省した体験などを振り返った時、十一歳前後がいちばん思い出に残っていませんか？　それはその年齢が宿泊体験の適正時期だったからです。

この時に親元を離れた不安な気持ちや、日常を離れた興奮を深く心に刻まなければなりません。もっと大きくなってからでも、それより幼くても体験は補完することができません。スキンシップ体験が乳幼児の時に大切なのもこのためです。

このように適正時期に体験した原体験を初発体験といいます。これらの体験はテレビで見る、本で読むだけでは心に残りません。人類がこれまで経験してきたのと同じように自然の中で五感（視覚・聴覚・嗅覚・味覚・触覚）を使って得るものでなければいけないのです。本来は五歳までは森の体験、七歳からは耕地の体験となるのですが、周囲に自然のない現在ではセカンドネーチャー（第二の自然）である庭や畑が自然の代わりとなるのです。

私たちは情報の九〇％以上を見ること（視

図表23　子どもの発達段階

《発達段階》	《人類の文化史的発達》	《適正体験》
0歳	人類の発生	ふれあい（母親とのスキンシップ）
1〜2歳	群れ・狩猟期（原人）	見つける・はだしになる・抱く
3歳	集団（縄文人・森）	集める
4〜5歳		集団遊び・いじめ・順番・交替
6歳	仲間	友だち・喧嘩・仲直り
7〜8歳	栽培・飼育期（弥生人・庭）	魚釣り・きのこ採り・生き物を飼う（必要に応じて殺す）
9〜10歳	飢餓体験	がまんする
11〜13歳	宿泊体験	旅をして外泊する
14歳〜	（現代人）	ボランティア（奉仕活動）

佐島群巳著『環境教育入門』（国土社）より

覚）によって得ています。また、それを振り返る時も字に書く、絵に描くといった視覚によって振り返っています。つまり、視覚によって体験し、視覚によって学習しているのです。しかし、生きるために必要な初発体験は五感の体験です。自然の中の火・石・土・水・木・草・動物などの体験や、真っ暗な闇夜や空腹は、視覚だけでは体験できません。

アメリカで生まれた「チルドレンガーデンプログラム（子どものための園芸）」は五感で感じ（体験し）、五感で振り返る（学習する）プログラムです。チルドレンガーデンプログラムでは、畑でジャガイモを収穫した子どもは、その時の天気や気温、土の感触や匂い、一緒に作業した人々や会話とともにジャガイモを振り返ります。そうやって体験したジャガイモの味は、スーパーのジャガイモの味とはきっと違うはずです。食べた時にその時の五感が味覚とともに甦ってくるでしょう。今求められている「生きる力」や本当の学びはこのような中から生まれてくるのではないでしょうか。

時代はキッチンガーデン、市民農園へ

今から十年ほど前の日本は「第四次園芸ブーム」だといわれていました。第一次は江戸時代、キクや朝顔に人々は夢中になりました。世界に冠たる盆栽や茶花はこの時に生まれた文化です。ソメイヨシノ（里桜）が普及したのも江戸後期です。庶民のお花見や紅葉狩

りも始まりました。

第二次は明治から大正にかけて、文様花壇（フラワーベッド）が西洋から導入され、学校花壇の原形ができました。「咲いた、咲いた、チューリップの花が、並んだ、並んだ、赤白黄色」と歌われたのもこの時代。私の好きな宮沢賢治も「Tearful eye（涙ぐむ眼）」といった花壇を設計しています。

第三次は戦後、園芸研究家の柳宗民《やなぎむねたみ》や塚本洋太郎《つかもとようたろう》が、焦土となった日本に花を取り戻そうと始まった運動です。サルビア、パンジーとみんなが知っている一年草の草花はこの時に全国に普及しました。テレビ番組の『趣味の園芸』が始まったのもこのブームの時で、今の園芸文化の礎《いしずえ》の時代です。

そして第四次園芸ブーム。園芸誌でチャールズ皇太子の庭が特集されたり、大阪、淡路、静岡で開催された花博、それに伴う植物検疫の簡素化にのってイングリッシュガーデン、ボーダー花壇、ハーブ、宿根草などが流行しました。今ではブームも定着しました。そして、バブル経済の崩壊後、花から野菜へと嗜好が変化し、現代のキッチンガーデンや市民農園につながっています。園芸の概念が江戸時代から続いてきた花の時代から幾度かのブームの変遷を経て、安全・安心の野菜作りに変わったのは、とてもおもしろい現象です。第五次には、どんなブームがやってくるのでしょうか。

十月 畑仕事に生かす農書の知恵

化学肥料や単肥のなかった江戸時代は、肥やし（肥料）に大変苦労した時代でした。『百姓伝記』巻六「不浄集」には、足洗いや行水の水の再利用から始まって、はきだめのゴミを焼いて肥やしに用いることまで、五〇種類ほどの肥やしの作り方が記載されています。つまり捨てるものが何もない時代だったのです。何でも肥やしにするといいましたが、いくつかルールはあります。

「わらは畠《はたけ》のこやしによくきく。万物草をいのこやしとしれ。麦畑の根こえに用いる、畑やわらぎ、夏作毛までよくできるなり。夏作毛・秋作毛のこやしにすべからず。緒虫多くわくものなり」。

これは、わらは畑の肥料によく効き、すべての植物体の生長の肥料となる。麦畑の元肥に使用すると、畑は団粒構造になってふかふかになり、その後の夏作の野菜の生長もよい。夏作の作物の残渣《ざんさ》を秋作の作物の肥料に使ってはならない。さまざまな害虫の発生源となる、という意味です。

「畑に作るものもの品品のくさがらは、田のこやしとなる。冬のうちに塊田（耕した田）**やくれ田**（ねばりのなくなった田）**にふり入れ、くさらすべし」**ともあります。畑で栽培するすべての物の草殻は田の肥料になる、冬のうちに耕した田や乾燥した田に振り入れて堆肥にしようということです。

ルールの一つは、田んぼのわらは畑の肥料に、畑の栽培物は田んぼの肥料にすること。もう一つは、同じ畑で作った栽培物の残渣は次の作目の肥料にはできないこと。この二つのルールは、病害虫や連作障害を防ぐ今の時代でも通用します。現在の複合経営（畑作と稲作を一緒に行い、さらに家畜も飼育していた）に当たる江戸時代の農業は、実は持続可能なシステムだったのです。

今、市民農園では残渣の処理が問題になっています。同じ畑の残渣は、病害虫の卵や雑草の種を死滅させるために、長い時間かけて発酵させたり、ほかの堆肥と混ぜて比率を下げたりする必要があります。

十一月

冬が来る前に

立冬、冬の気立つ日です。
本格的な冬の到来を前に畑も冬支度が始まります。
「小雪《しょうせつ》」は雪が少し降る頃という意味ですが、
都会や温暖な地域では見られません。
落ち葉を集めて腐葉土を作るのもこの頃です。
庭に枯れ葉が積もったら
腐葉土作りに挑戦しましょう。

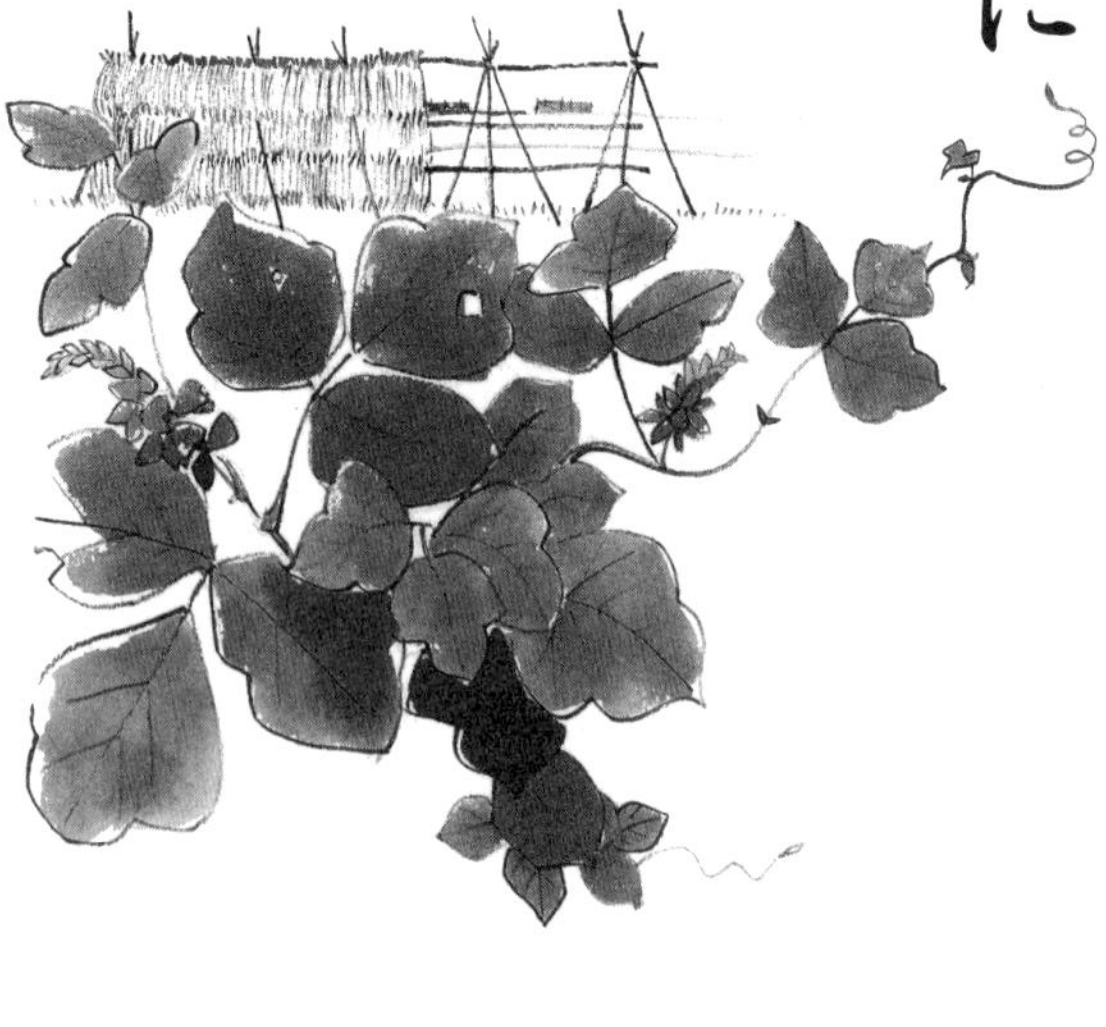

十一月の主な作業

◎**立冬の頃**　**【作物】**麦類、ナタネの種まき。**【野菜】**タマネギ、キャベツ定植。ダイコン、ハクサイ、コマツナ、ニンジンなどの中耕、追肥。**【花】**ボタン、つるバラの定植。

◎**小雪の頃**　**【野菜】**アスパラガス定植。堆肥《つみごえ》の積み込み。**【果樹】**果樹園の中耕。**【花】**ボタンの剪定《せんてい》。ダリア、グラジオラスの掘り上げ。キク、ガーベラ、ダリアの収穫。芝の刈り込み。

【十一月の農事暦】

※日付はおおよその目安です

日	
1	
2	
3	
4	
5	
6	
7	◎立冬 ★旧暦10月1日頃
8	
9	山茶始めて開く
10	
11	
12	
13	地始めて凍る
14	
15	
16	
17	金盞香う
18	
19	
20	
21	
22	◎小雪
23	
24	
25	虹かくれて見えず
26	
27	
28	朔風木の葉を払う
29	
30	
12/1	
2	橘始めて黄なり
3	
4	
5	
6	

暦解説

立冬《りっとう》
この日から立春の前日までが冬

山茶《つばき》始めて開く
ツバキ（サザンカ説もあり）が花開き始める

地始めて凍る
寒気が強まり大地も凍り始める

金盞《きんせんか》香《にお》う
スイセン（黄色い杯に似て金盞）が香る

小雪《しょうせつ》
雪便りもまだ聞かず寒さもそれほど強くないが、落葉樹の葉は散り始め、一歩一歩冬へ

虹かくれて見えず
陰の気が盛んになり、曇り空が続いて、空には虹も出なくなる

朔風《きたかぜ》木の葉を払う
北風は木の葉を吹き散らす

橘《たちばな》始めて黄なり
ユズやミカンが黄色く色づく

季節のめじるし

楓《かえで》が紅葉したら…落ち葉で腐葉土作り

霜がしきりに降りる霜月《しもつき》。山は一面の紅葉に染まります。庭には一面の枯れ葉。植物が冬の眠りを始める季節です。

作物や野菜の残渣《ざんさ》を片付けましょう。そのまま残しておくと、病気が畑に残るなど「厭地《いやち》」の原因になったりします。清潔な静かな畑の中で、来年の準備を始めます。

紅葉を集めて、広葉樹の落ち葉で腐葉土を作りましょう。針葉樹は殺菌作用があるものが多く、うまく腐敗しないので腐葉土にはなりません。常緑樹も腐敗が遅いので不向き、やはりきれいに色づいた広葉樹がよいでしょう。

秋は「紅《あか》き木」から季節の名前がつきました。秋に紅葉する樹木は、ツタ、イロハモミジ、メグスリノキ、ギンナンハゼ、サクラ、イチョウ、トチノキ、ポプラなどがあります。赤と黄色の秋が、冬の時間の中で土に還《かえ》ります。

十一月の畑仕事

畑を整理し、休ませる季節です

十一月から十二月にかけては畑の整理をします。作物を収穫し、野菜の残渣や落ち葉、刈り取った草など、植物性のものは細かくして堆肥にしましょう（堆肥の作り方については十二月で詳しく説明します）。この時期は畑を休ませる季節です。跡地の整理と、耕起作業をしておきましょう。連作障害が見られた場合には、間作《かんさく》として麦類やナタネを栽培してもよいでしょう。

◎十一月上旬…農事暦では、十一月七日（頃）は立冬《りっとう》。『山茶《つばき》始めて開く（ツバキは山茶花《さざんか》であるという説もあります）。地始めて凍る。金盞香《きんせんかにお》う』とあります。この時期に種まきできるものは少なく、暖地では春ダイコンやソラマメをまきます。タマネギ、キャベツ、チシャ（レタス）、アスパラガスの定植をします。

◎十一月中旬…暖地ではダイコン、エンドウをまきます。ダイコン、ハクサイ、コマツナ、ホウレンソウ、ニンジンなどの中耕《ちゅうこう》施肥をしましょう。また、これらの冬越しの防寒対策をします。

◎十一月下旬…十一月二十二日(頃)は小雪《しょうせつ》。『虹かくれて見えず(陰の気が盛んになり虹が見えなくなる)。朔風《きたかぜ》木の葉を払う。橘《たちばな》(ユズやミカンの類が)始めて黄なり(黄色くなる)』とあります。露地で種をまける野菜はありません。堆肥を作り、切り返しをしましょう。

冬が来る前に畑の防寒対策をしましょう。冬場の防寒対策は大きく二つあります。

①霜をよける

畑に霜が降りると植物の細胞が凍り、昼間に温度が上がって凍りが解けると、植物の細胞が壊れて腐り始めます。これを防ぐためには屋根をかぶせてあげればよいのです。稲わらで三角錐《すい》に植物を覆う「わらぼっち」や、株と株の間に笹を立てる方法があります。北風を防ぐために囲いをするのも効果があります。

露地の冬野菜(葉菜・根菜類)にはビニールトンネルをする必要はありません。

②土の凍結を防ぐ

真冬には湿った土が凍り、霜柱ができることがあります。これを防ぐためには表土をマルチング材で覆うのが一番です。ビニールマルチである必要はありません。マルチングにはわら、落ち葉、干し草、ピートモスなどを使います。土の中で腐る素材がよいでしょう。新聞マルチは有害なインクが含まれるので葉菜・根菜類には適しません。

腐葉土を作る

最近は比較的田舎の私の近所でも、家の周りの落ち葉をゴミ袋に入れて燃えるゴミの日に出している人を見かけます。昔は庭で焚き火をして子どもがイモを焼いていたりしましたが、住宅が込み入った今ではそれも無理でしょう。ダイオキシンの問題で農家でも野焼きが思うようにできません。

畑の整理が済んだら、腐葉土作りに挑戦してみましょう。腐葉土は広葉樹（葉が広くて落葉するもの）の落ち葉を堆積し発酵させたものをいいます。通気性、排水性、保肥力に富み、畑の土壌改良に使ったり、赤玉土と混ぜてコンテナガーデンの土として使用したりします。勘違いしてはいけないのは、腐葉土は肥料ではないということ。ただし、一緒に入れた肥料を長持ちさせる働きは持っています。また、最近は小さな畑では、腐葉土をウッドチップのように株の周りに敷き、雑草の発生を抑えるための畑のマルチとして使用している人もいます。

腐葉土の作り方

市販の腐葉土はケヤキ、カシ、シイなどで作られていますが、あなたの庭の落ち葉でもチャレンジしてみてください（図表24）。発酵の種になる米ぬかや油粕の分量は発酵期間や落ち葉の種類によって違いますが、透明なビニール袋四～五リットル一袋に米ぬか二～三キロ、あるいは油粕一～二キロほどが目安です。

①広葉樹の落ち葉（ケヤキ、カシ、シイなど）を集めます。イチョウやマツなどは発酵が遅かったり、殺菌作用を持っていたりするので除きます。竹の葉も使用する野菜によっては病害をもたらすものがあります。

②ビニール袋を用意し、落ち葉を入れ、米ぬか、または油粕を両手で一盛り入れます。

③その上に、さらに落ち葉、米ぬか（または油粕）を押し込みながら入れて、こ

図表24　腐葉土の作り方

市販のビニール袋4～5リットルに、米ぬか2～3kg（あるいは油粕1～2kg）が目安。広葉樹の落ち葉と米ぬかまたは油粕を交互に何層にも重ね、水をかける。

袋を閉じて、日当たりのよい場所に3カ月間おく。

れを何層も重ねます。

④詰め終わったら、落ち葉を握って水が染み出るぐらいに水をかけ、袋の口を閉めて、日当たりのよい場所に三カ月ほどおきます。

発酵臭がして、握るとボロボロとくずれるようになったら完成です。

野良まわりのヒント

植物をともに栽培するということ

コミュニティーとは地域社会のことです。コミュニケーションとは相互理解の意味です。ヨーロッパでは市民農園（コミュニティーガーデン）が盛んです。市民農園は農地のない市民が共通の畑を借り、野菜を作る農園です。植物の栽培のみの農園はコミュニティーガーデンといいます。家畜を飼っているとシティーファームと呼ばれています。旅行した際には探して、訪問してみると楽しいものです。

これらの歴史は古く、一八七〇年代にドイツの医師・シュレーバーによって創設されたクラインガルテンが発祥といわれます。初めは都会の心の病んだ子どものための畑でしたが、大人もその効果に驚き、急速に広まりました。イギリスでは週末農園（コテージガーデン）が有名です。本場のドイツでは一区画が二五〇～三〇〇平米で休息小屋（ラウベ）も完備しています。

私たちの住む日本でも少しずつ市民農園が普及してきました。平成二年に市民農園整備促進法も制定されました。

市民農園の本来の目的は人や植物とのふれあいを通じて心身をリフレッシュすることです。子どもからお年寄りまで一緒に農作業を行うことで、お互いを理解する場として市民農園をコミュニティーガーデンにしていこうという動きが、欧米を中心に進んでいます。コミュニケーションはお互いを理解することで完成します。

植物の栽培を一緒に行うことでみんながつながり、地域社会が一つになります。ボランティア活動のできるコミュニティーガーデンは園芸福祉の実践の場でもあるのです。

植物は人を差別しない

園芸療法と園芸福祉のお話をしましょう。療法や福祉というと自分には関係ないと思う人もいるでしょう。しかし、福祉という言葉を辞書で引くと幸福の意味とあります。幸せになりたい気持ちは人間だれも同じです。植物を通じてだれもが幸せになる取り組みが

「園芸福祉」です。さらに、心身になんらかの障害があり、園芸福祉の活動を一人ではできない人に園芸療法士がサポートをする取り組みを「園芸療法」と呼びます。

園芸療法は、作業療法の一つとしてガーデニングの国・イギリスで、障害者や高齢者の作業療法の一つとして生まれました。その後、アメリカでベトナム戦争に従軍し心と体に障害を負った若い兵士のリハビリテーションとして、その効果が注目され、障害のある人だけでなく、子どもの教育（チルドレンガーデンプログラム）や、社会的弱者のサポート（ホームレスガーデンプログラム）として発展し、約三十年前に日本に入ってきました。

今では医療や教育の分野だけでなく、終末医療（ターミナルケア）や地域社会の形成（コミュニティーガーデン）として社会学の分野まで影響を与え、アメリカでは園芸社会学という分野が生まれるまでになっています。このようにして、植物栽培の持つ力は障害の有無にかかわらず幅広い対象の人に有効だという考えから「園芸福祉」という言葉が出てきました。

どうしてこれほどまでに園芸が人間に与える影響は大きいのでしょう。いくつかの考察がなされていますが、ここでは「ユニバーサル（全ての人のために）」という考え方を紹介します。

さまざまな人種や社会的階層が存在するアメリカで園芸療法が発展した理由の一つに「植物は人を差別（区別）しない」ということがあります。年齢、性別、社会的地位、学歴、障害の有無、人種などさまざまな差異にかかわることなく、種はだれがまいても、条件が合えば芽が出ます。ジャガイモはだれが掘ってもジャガイモです。ヒマワリの種をまくと、ヒマワリは栽培している人の見かけや年齢、性別に関係なく大きく咲くのです。あなたがお孫さんやお子さんと一緒にヒマワリをまいたら、子どものほうが大きな花を咲かすかもしれません。全ての人に公平で平等に幸せを与えてくれる植物は、ユニバーサルな存在なのです。

福祉の概念も変化してきました。一過性の幸福を表すwelfare《ウェルフェア》から、自己実現（今より、よりよい自分になりたい、自分らしく生活したい）のために、生活の質（Q・O・L＝Quality of Life）の向上を目指すwell-being《ウェルビーイング》へと考え方も変わってくる中で、日々の暮らしの中での園芸活動が注目されています。

私たちも植物のような生き方をしたいものですね。

『百姓伝記』の巻五「農具・小荷駄具集《こにだぐしゅう》」では農具の選び方について詳しく述べられています。当時は鍛冶屋がオーダーメードで鍬《くわ》や鋤《すき》を作っていました。「鍬を打たせるに、国々里々にて、昔より使いつけたるなりとかつかうあり。（鍬を鍛冶屋に打たせるには、国や里ごとに、昔から使い付けた形と格好がある）」と書かれています。

たとえば「砂地、黒ぶく、真土田畑に使う鍬は、地がね、ゆがね共にうすく、刃さきをひろく、長くうたせて鍬平、柄共にかろくし（中略）たのむべし」とあります。砂地や黒い火山灰土、土の田畑に使う鍬は、地金も焼きを入れた刃先も薄く、刃先を広く長く打たせて軽い鍬にするという意味です。

逆に「石地、ねば真土の田畑をかえし、うつ鍬は、地がね、ゆがね共にあつく、はばをせまく、刃さきを永く、角をたててうたせつかうに徳あり」という記述もあります。石が多い粘り気のある田畑を耕す鍬は、地金も焼きを入れた刃先も厚くし、刃先を長く角がとがっているものが使いやすいということです。畑の性質によって、鍬の形を変える大切さが述べられています。

私自身の経験からも、ほかの土地に行っていつもと違う鍬を使って畝を立てたりする時に、勝手のよくない思いをすることがあります。私の住む地域の畑の土は、砂壌土で鍬の刃先は薄く長いものを使用するので、粘土質の畑で刃の厚い短い鍬を使うと上手く作業ができないのです。

あなたの今使っている鍬は、あなたの畑に合っているでしょうか。軽すぎたり重すぎたりしていませんか。刃が長くて使いにくかったり、逆に短くて能率が悪かったりしていたら、道具が土地に合っていないのです。以前、イングリッシュガーデンが流行った時に、英国製の農具が輸入されたことがありましたが、最近ではあまり見かけません。どんなにお洒落でも、イギリスと日本では土質も違います、やはり使いにくかったのでしょう。

十二月

ゆたかに新年を迎える

私の手もとの農事暦には
「農家はつねに忙《せわ》しければ、本月に垣を結い、あるいは農家の表裏まで掃除し、ゆたかに新年を迎えることがよい。ただし、塵芥《ちりあくた》の類《たぐい》を捨てずに、これを集めて堆肥《つみごえ》を作るように心がけたい」とあります。
あなたも、畑の大掃除をして、有機物を集めて堆肥を作り、ゆたかな新年を迎えましょう。

十二月の主な作業

◎**大雪の頃**　**【作物】**麦踏み。麦の中耕、追肥。**【野菜】**ダイコン、キャベツ、カリフラワー、ホウレンソウ、ネギ、コマツナなどの収穫。**【果樹】**ミカンの収穫。**【花】**つるバラ、キクの苗定植。ボタン、シャクヤク、ガーベラ、チューリップ、ヒヤシンスの施肥。キンセンカなどの霜よけ。

◎**冬至の頃**　**【野菜】**ニンジン、ゴボウ、ハクサイの収穫。畑の片付け、耕起。

【十二月の農事暦】

※日付はおおよその目安です

1	
2	
3	
4	
5	
6	
7	◎大雪 ★旧暦11月1日頃
8	
9	閉塞冬となる
10	
11	
12	
13	熊穴に蟄る
14	
15	
16	鮭群がる
17	
18	
19	
20	
21	◎冬至
22	
23	
24	乃東生ず
25	
26	
27	麋角の解つる
28	
29	
30	
31	
1/1	雪下麦を出す
2	
3	
4	
5	

暦解説

大雪《たいせつ》
山が積雪で覆われる

閉塞《そらさむく》冬となる
人は戸を閉め、虫も土に入り、万物冬を迎える

熊穴に蟄《こも》る
クマも冬眠のために巣穴にもどる

鮭群がる
サケが群れをなして川を遡《さかのぼ》る

冬至《とうじ》
一年でもっとも夜の長い日。翌日から昼が少しずつ長くなる。旧暦の起算日

乃東《うるき》生ず
夏枯草が生え始める

麋角《かもしかつの》の解《お》つる
カモシカのツノが落ち生え替わる

雪下《ゆきふり》麦を出す
雪の下では麦が芽を出し始める。ニンジン、ゴボウ、ハクサイの収穫。畑の片付け、耕起

季節のめじるし

柚子《ゆず》、橙《だいだい》が実ったら…一陽来復《いちようらいふく》・冬至《とうじ》正月

全ての仕事をやり終えた為果月《しはつ》、師走《しわす》。農事暦では旧暦の十二月八日がその年の畑仕事を終える「こと納め」、旧暦の二月八日が新しい年の畑仕事を始める「こと始め」。私たちも畑の大掃除を済ませて今年一年の畑納めをしましょう。

しかし新暦の十二月は、旧暦では十一月頃。まだ十二月にもなっていません。旧暦のカレンダーが手元にない人は、二十四節気の一つ「冬至《とうじ》」を目安にしましょう。新暦のカレンダーでも二十四節気は旧暦と変わりません。冬至は一年でいちばん夜が長く昼の短い日、翌日からは日照が一日一日と長くなります。つまりは一陽来復《いちようらいふく》、この日を正月とする「冬至正月」という考えがあります。冬至を皆さんの畑の正月にしましょう。

「冬至」は「湯治《とうじ》」、「柚子《ゆず》」は「融通《ゆうずう》」、昔の人はさまざまな行事で験《げん》を担《かつ》いでいました。冬至の夜は柚子湯に入って一年の畑仕事の垢《あか》おとし、運気がつくように「ん」のつくものを七種類食べます。なんき**ん**（かぼちゃ）、だいこ**ん**、に**ん**じ**ん**、れんこ**ん**、こ**ん**ぶ、こ**ん**にゃく、こ**ん**ぼ（ごぼう）など。昔の人もこんな風に駄洒落《だじゃれ》で苦労を吹き飛ばしていたのです。

十二月の畑仕事

冬野菜を収穫したら、来年の準備を始めます

十二月は畑と納屋の大掃除をします。よい道具を大切に長く使うのはスローライフの第一歩。道具を洗ったり、刃を研いだり、油を注《さ》したりしましょう。畑では冬野菜が収穫を迎えます。葉菜類やダイコンは漬物に、根菜類は収穫後土に伏《ふ》せこんでおくと長持ちします。冬の大切なビタミン源です。捨てることのないように上手に利用しましょう。

◎**十二月上旬**…農事暦では、十二月七日(頃)は大雪《たいせつ》。『閉塞冬《そらさむく》となる(人は家の戸や窓を閉め、虫も土に入って万物が閉じ冬を迎える)。熊穴に蟄《こも》る(クマが冬眠する)。鮭群がる』とあります。暖かい地域ではまだキャベツ、カリフラワー、タマネギ、レタスの定植が可能です。ダイコン、キャベツ、カリフラワー、ホウレンソウ、ネギ、コマツナなどが収穫を迎えます。

◎**十二月中旬**…ホウレンソウ、ニラ、ワケギ、ニンニクに施肥をしましょう。ニンジン、ゴボウ、ハクサイなどお節料理の素材になる野菜が収穫を迎えます。

◎**十二月下旬**…十二月二十一日(頃)は冬至《とうじ》、柚子《ゆず》湯に入って体を温めます。この日は夜

がもっとも長く昼がもっとも短い、私たちの住む北半球では太陽の高さがもっとも低い日です。『乃東《うるき》（夏枯草）生ず。麋角《かもしかつの》の解《お》つる（カモシカのツノが落ちて生え替わる）。雪下《ゆきふり》麦を出す（麦が雪の下に芽を出す）』とあります。冬至から立春まで、寒い地域では畑も冬眠に入ります。冬越し野菜の防寒対策をしっかりとしましょう。

森の土に学ぶ

一年を振り返って、野菜はしっかりと丈夫にできたかどうか、失敗した人はその原因を考えてみましょう。病気や生育不良がおこった人は、問題解決のいちばんの課題は土作りにあります。私の地元の静岡県函南町《かんなみちょう》に原生林（バージンフォレスト）があります。そこはブナを中心にした自然の森ですが、土作りの基本はこの森の自然にあると思います。

森では多くの生き物が落葉樹を中心にバランスよく生息し、生態系が食物連鎖のもと循環型社会を形成しています。昔の農業は牛や馬を飼うことによって畑を耕作し、堆肥《つみごえ》の元になる糞を得ていました。山から落ち葉を集め、畑や田んぼのあぜの草を刈り、堆肥を作り、それを畑に戻すことによって循環型の畑を作ってきたのです。

皆さんの畑で森と同じような土を作ると天敵（害虫を食べてくれるクモやテントウムシなど）が発生し、農薬も化学肥料もいらない畑になります。このような農業を「有機農業」といいます。有機農業のスタートは、「森の土」に学ぶことから始まります。

堆肥を作ろう

森の土を作るには自然の中にある物（土に還《かえ》る物、自然の循環で作る物）を使って堆肥を作らなければなりません。実際には山の落ち葉は土中の微生物の働きで分解され、百年に一センチほどの土壌を作ります。堆肥はこれを人間の働きで十年から二十年で土壌を作る工夫なのです。

あなたの周りにある堆肥の原料を以下にあげました。

●落ち葉　●植木の剪定くず　●おがくず　●籾殻《もみがら》　●稲わら、麦わら
●雑草（野草）　●生ゴミ、野菜くず　●畑の収穫物の残渣《ざんさ》　●家畜の糞尿

堆肥の作り方

木枠を使った、少し本格的な堆肥の作り方を紹介しましょう（一六九ページ図表25）。

①コンパネ（コンクリートを流す際の枠に使う合板などのこと。ホームセンターなどで販売）を四枚使用して、日当たり、水はけのよい場所に木枠を作ります。底は土のままです。

②いちばん下に木の枝など荒い材料を置き、排水性をよくします。

③その上に炭素の多い素材（おがくず、落ち葉、麦わら、稲わらなど）を重ねます。
④次に窒素の多い素材（家畜の糞、青草、おから、米ぬか、生ゴミなど）を、③の材料一〇に対して一割の量を重ねます。
⑤交互に③④を積んで踏み固め、枠の底から水が染み出るぐらい水をかけます。
⑥上にビニールシートかムシロをかぶせ、風で飛ばないように重石をします。
⑦昼間で発酵熱は三〇〜四五度になります。十日ほどで枠を外して一回目の切り返し。
⑧およそ二〜三日経つと、昼で発酵熱は七〇度前後まで温度が高くなり発酵が進みます。発酵が足りないときは米ぬかを加えます。十日ほどで二回目の切り返し。
⑨さらに十日ほどで三回目の切り返し。発酵熱は四〇〜五〇度です。
⑩この後、二週間ほどで中にミミズや団子虫などが入ってきたら発酵が終了し、完成。

家庭菜園でこんなに本格的な堆肥作りをするのは難しい人もいるでしょう。ほかにも自然の中にある物では次のような肥料ができます。

ボカシ肥料の作り方

材料として、米ぬか、おから、籾殻《もみがら》くん炭《たん》を用意します。ほかにも鶏糞、骨粉、魚粉、ナタネ粕やダイズ粕、炭を加える人もいます。

米ぬか六・おから三・籾殻くん炭一の割合で混ぜ、これをポリ製の槽の中で水分五〇〜

図表25　本格的な堆肥作り

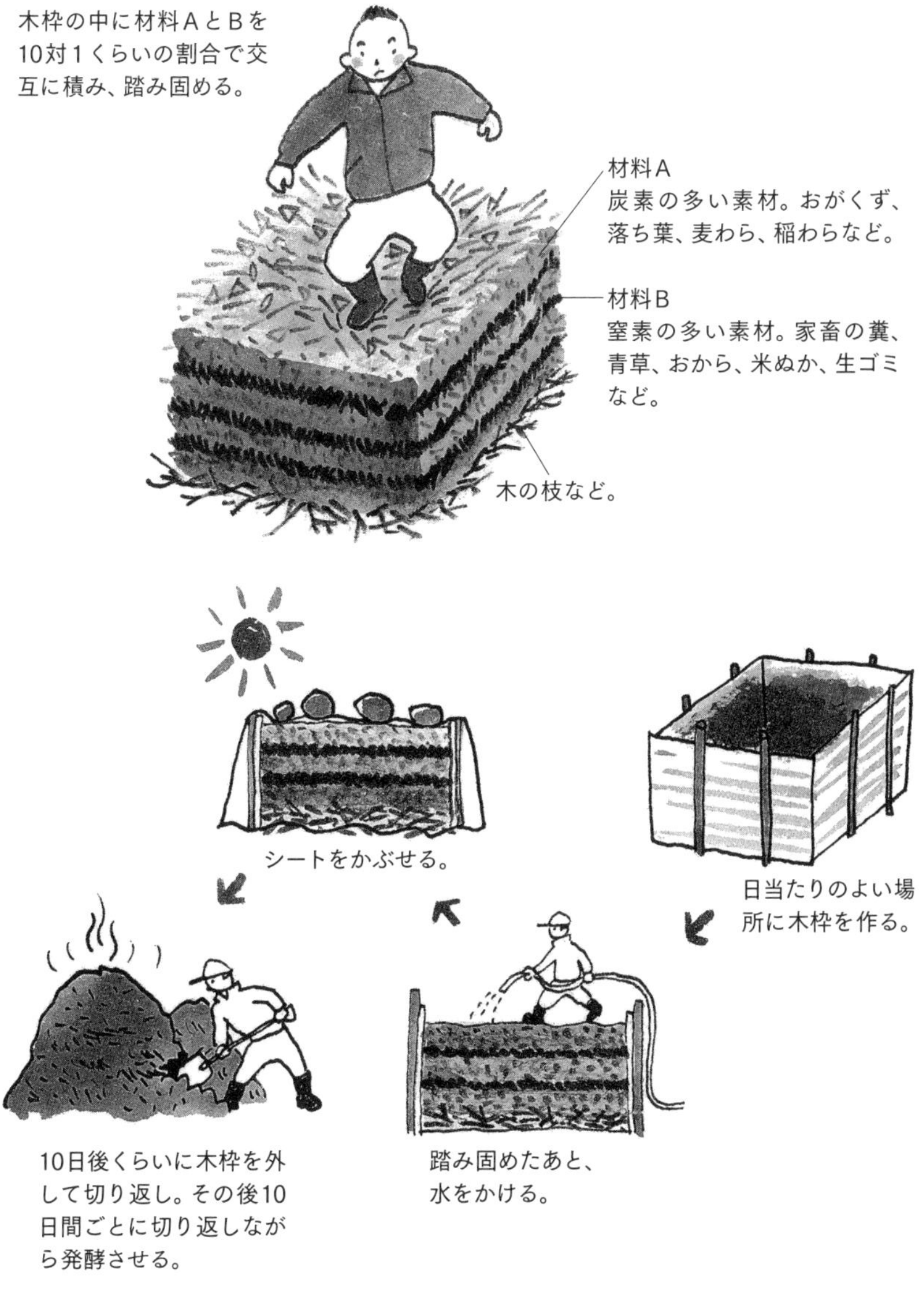
木枠の中に材料AとBを
10対1くらいの割合で交
互に積み、踏み固める。
材料A
炭素の多い素材。おがくず、
落ち葉、麦わら、稲わらなど。
材料B
窒素の多い素材。家畜の糞、
青草、おから、米ぬか、生ゴミ
など。
木の枝など。
日当たりのよい場
所に木枠を作る。
踏み固めたあと、
水をかける。
シートをかぶせる。
10日後くらいに木枠を外
して切り返し。その後10
日間ごとに切り返しなが
ら発酵させる。

六〇％（おからに水分があるので水は加えませんが、乾いた材料のみの場合は水を加える）にし、毎日切り返して発酵させます（図表26）。ポリバケツでも作ることができます。

毎日切り返して一週間～十日で水分が減ってサラサラになったら完成です。濃度の高い肥料で堆肥に比べて速効性、持続性があり、畑にすき込んで使用します。

図表26　ボカシ肥料作り

材料を入れてよく混ぜ、7～10日間毎日切り返す。

緑肥

畑や田んぼで空いているスペースに種をまき、育ったら刈り取ってかまや押し切りで細かく砕いて畑にすき込みます。窒素成分に富んでいるので土がやせている時にお勧めです。元肥としてすき込みましょう。

緑肥になる植物として、セスバニア（六月まき）、レンゲ（十一月まき）、ライ麦（七月下旬～十一月まき）などがあります。ほかにもマメ科の植物など、最近はいろいろな緑肥の種が販売されています。どれも実がつく前に刈り取って肥料にするのがポイントです。

野良まわりのヒント

畑仕事は自分のペースで続けられる

「畑は子どもの五感を育む」(一四四ページ)でも述べたように、子どもの成育体験には適正年齢があります。私が農業高校の教員をしていた頃に、高校生と畑で仕事をしていて思うことがありました。十六歳から十八歳の彼ら、彼女らは人類の発達史の流れではまだまだ狩猟期で、畑仕事ではありあまるパワーを使いきれないのではないかと……。「畑で土に触れると心が落ち着く」「畑にいると時間を忘れる」といった高校生は珍しい存在です。

私は農業や園芸などの畑仕事には適正年齢があると思います。個人差はありますが、それは三十代から四十代のどこかで訪れます。女性の場合、子育てが一段落した頃に芽生えることが多いでしょう。

「スーパーで高い値段を払って野菜を買っていたのが、庭の日当たりのよい場所に種をまいて自分で育てるようになる」「朝、庭に出て、ふと花壇の草が気になり、草取りをしていると、時間を忘れ、気がつくとお昼をまわっている」「毎年咲いてくれるバラの蕾《つぼみ》が愛おしい」など、あなたにも経験がありませんか。子育てと園芸の「育てる」といった共通点からか、園芸への熱心な回帰は女性のほうが多いようです。私見ですが、ラジオを聞きながら農作業を行う人は男性に多く、女性は音のない静寂のなかで植物と向き合っている人が多いように思います。

農業という職業がほかの職業と大きく違う点があります。それは農業には定年（引退）がないということです。人生の半ばに農業の適正年齢を迎える私たちは、植物のライフサイクル（四季）に合わせて、一年に一サイクルの植物の一生を体験します。米作り三十年のベテランも回数にしたら三〇回（三〇作）しか米作りを体験しないのです。農業に名人はいても職人はいません。自然とのかかわりの深い農業で人間国宝（重要無形文化財）になった人はいません。四十歳から農業を始めて、百歳まで畑に出ても、六〇作しか体験できない、百歳まで現役でも六〇の作品しかできない、農業は実に奥の深い体験なのです。そして自分のできる範囲で一生涯続けることのできる仕事なのです。

心の庭仕事――インナー・ガーデニング

最後に心の庭仕事についてお話ししましょう。

園芸を教えることを仕事としていて、疑問に思うことがあります。「人はなぜ植物を栽培するのか？」という疑問です。「あなたは、なぜガーデニングをするの？」と聞かれて即答できますか。

私は、園芸福祉や園芸療法の勉強を続けてきました。さまざまな障害を持つ人のリハビリテーションのなかで、園芸の持つ力を知り、その力の源を考える時、「人はなぜ植物を栽培するのか？」という疑問にいつでも立ち返ります。

今、この疑問にもっとも納得できるのは「バイオ・フォリア仮説」と呼ばれている説です。簡単に説明すると、「人の遺伝子（DNA）には植物を愛する遺伝情報が含まれる」という仮説なのです。

人間の母親のミトコンドリア中にある遺伝子を遡っていくと一人の女性の遺伝子にたどりつきます。この女性は「マザーイブ」と呼ばれ、人類の最初の一人であると考えられています。

この女性はアフリカのサバンナで生まれました。その時に見たサバンナの風景を、人は心の原風景（基準）として遺伝子の中に持っています。それは私たちの「美しい庭」の原風景となっていて、フランス式庭園もイングリッシュガーデンも枯山水も、すべて基準は、池があり草が生え、中低木が木陰を作り、ライオンが昼寝をする、サバンナの風景であるという仮説なのです。

マザーイブが見聞きし体験した「自然を愛する遺伝子（バイオ・フォリア）」が皆さんの遺

伝子の中にもあるのです。あなたが、今ベランダで作っている小さな菜園も、窓際のサボテンも、喫茶店の観葉植物も、植物とのふれあいを通して人の心を癒してくれます。このような植物たちの神秘的な力は、すべてあなたの心の遺伝子が求めているものなのです。

本書を読んでくださる皆さんの心にその遺伝子が隠れています。

園芸は、植物栽培を通して土壌や気象などの自然に対して愛着やきずなを感じることです。「人はなぜ植物を栽培するのか?」という疑問、「あなたは、なぜガーデニングをするの?」という疑問の答えはここにあります。他人にとっては統一感のないコンテナの花壇であっても、雑然と感じる発泡スチロール箱の野菜作りも、一鉢のサボテンもすべてそれを見る他人のためでなく、自分自身とふれあうために、自分と世界のつながりを確認するためにに、あなたは育てるのです。

子育てが終わって、一息つく頃にあなたのバイオ・フォリアが目覚め、インナー・ガーデニング（心の庭仕事）のスイッチが入ります。エズラ・ウェストン（マサチューセッツ園芸協会会長）は言っています。

「あなたは畑で仕事をしながら自分の心も耕しているのです」

十二月

畑仕事に生かす 農書の知恵

最後の十二月では、『百姓伝記』で私がいちばん好きな、巻二「五常之巻」に出てくる「三思一行《さんしいちぎょう》」を紹介したいと思います。

「三思一行の事、人つねにいたす所なり。何事にかぎらず三度思案してとりおこなふ。かろがろしく事々を思い出すとひとしく行うときは、仕違あり。後悔益なし。三度工夫、思案せば、悪事も善事にかなう事多かるべし。大工が大切の材木をつかふに、それぞれの入用の処にて曲尺をあてきるに、三思一刀といひて、三度かねをあてたる後、切りて用いる仕違まれなり」

人はつねに、三回思案して一つのことを行わなければならない。どんなことでも三度思案して行う。思いついたと同時にことを行うと失敗し、後から後悔しても何も残らない。三度工夫し思案をすれば、最悪の場合も最善の対応ができることが多い。大工が大切な木材を使うにあたり、必要なところまで曲尺《かねじゃく》を当てて切る時に、三回思案して刃を入れるという。三度曲尺を当てて材料を切って用いるので失敗することが少ない、ということです。

この後、作者は、大工であってもそうなのだから、一年に一回しかすることのできない農作業では、田を耕す時も、種をまく時も、中耕の時も、追肥の時も、収穫の時も、どんなことであっても「三思一行」の気持ちで行いなさいと説くのです。

知識は本で読むことができますが、農作業はその土地ごとの気候や地質、風土によって異なり答えはいつも一つではありません。その時、その時の場面で思案し、工夫して物事に当たらなければ、いつまでも「百を束ねる人」つまり百姓にはなれないよ、と言っているように思います。

畑仕事の一つ一つに「三思一行」の気持ちを持って当たった時に初めて、知識ではない知恵が身に付くのではないか――、そう『百姓伝記』の作者が語りかけているように思うのです。

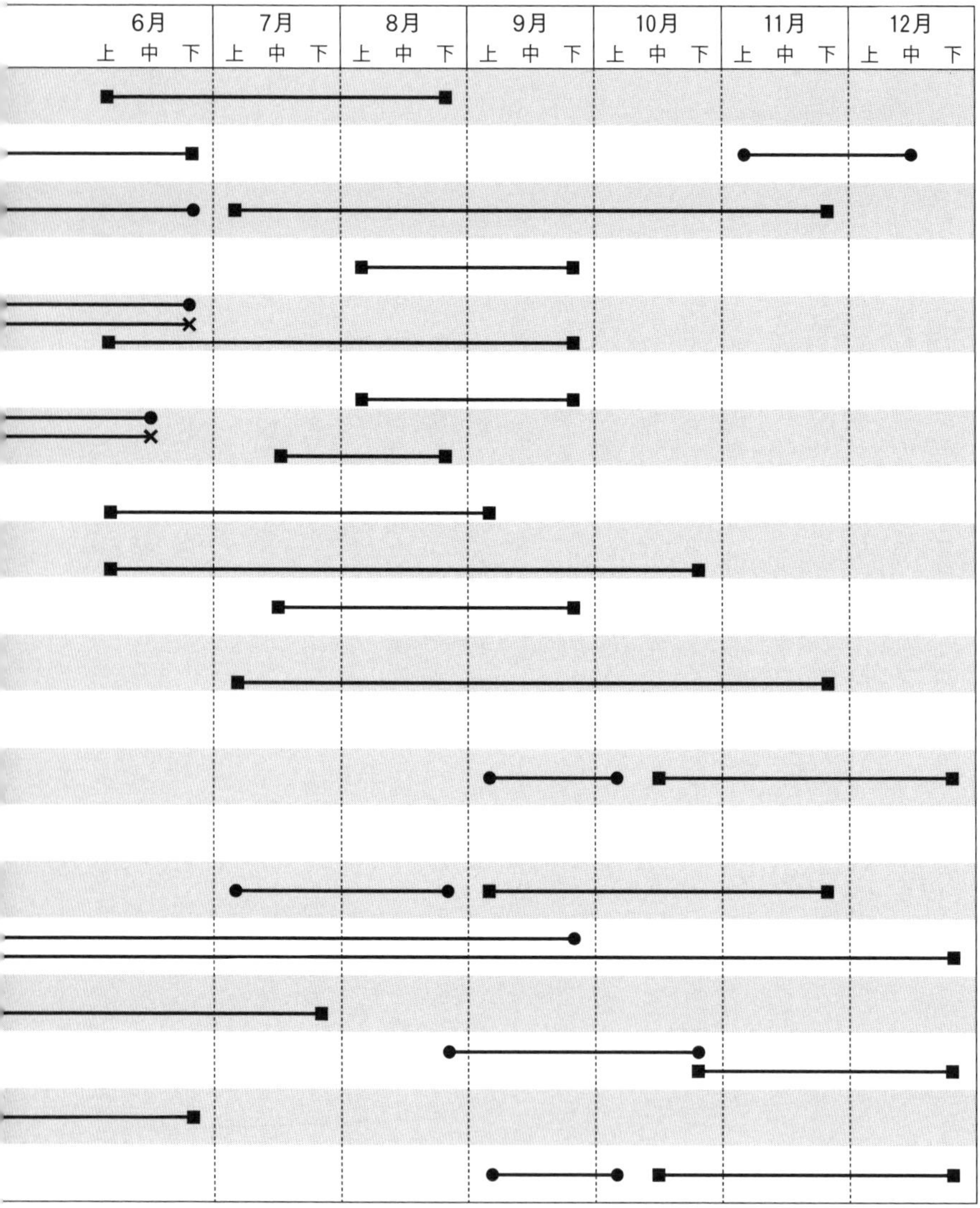

※関東地方の露地栽培を基準にしています。
※栽培環境、品種などによって時期が異なります。種袋の記述などを参考に栽培してください。

主な野菜の年間栽培暦

●種まき　×定植　■収穫

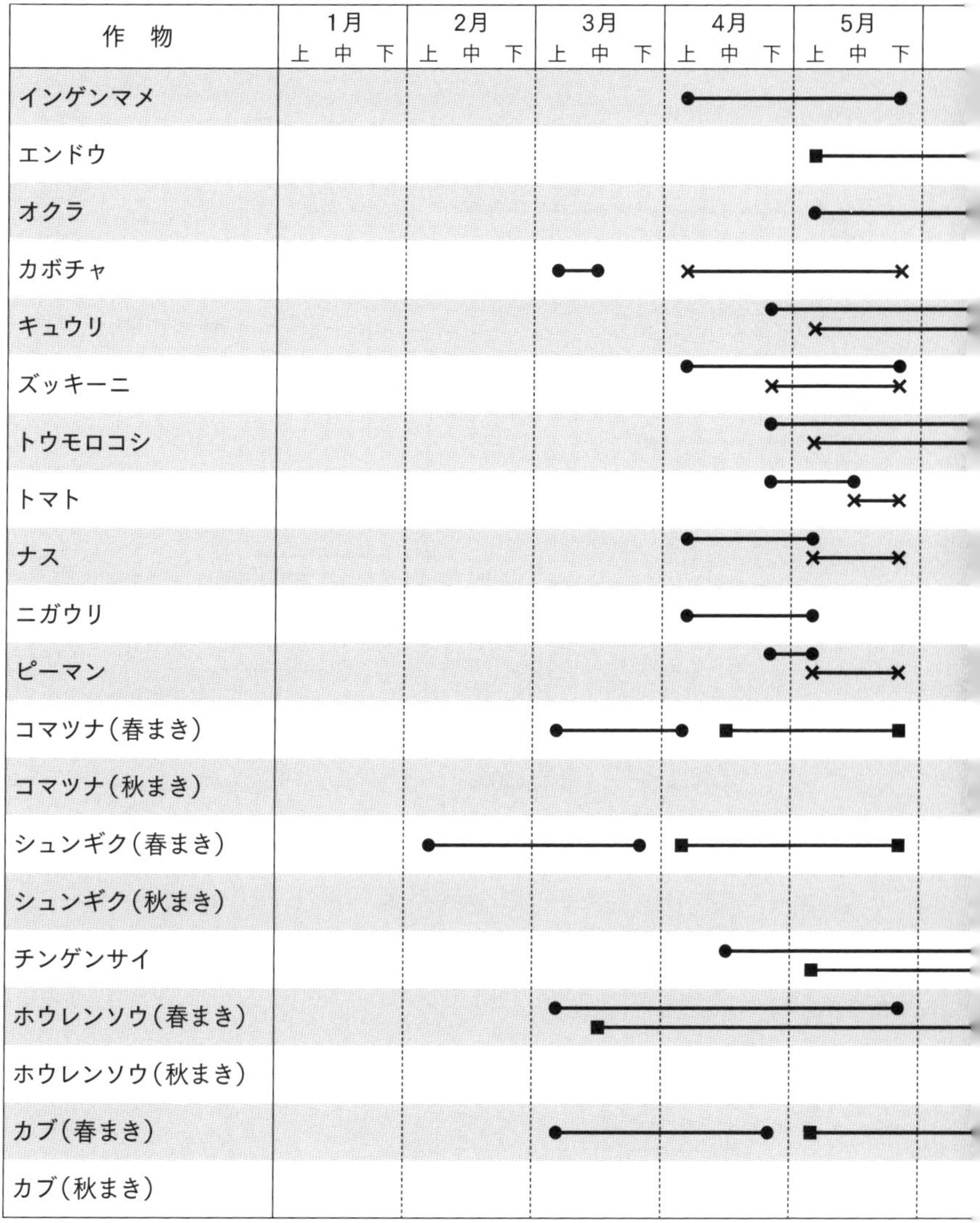

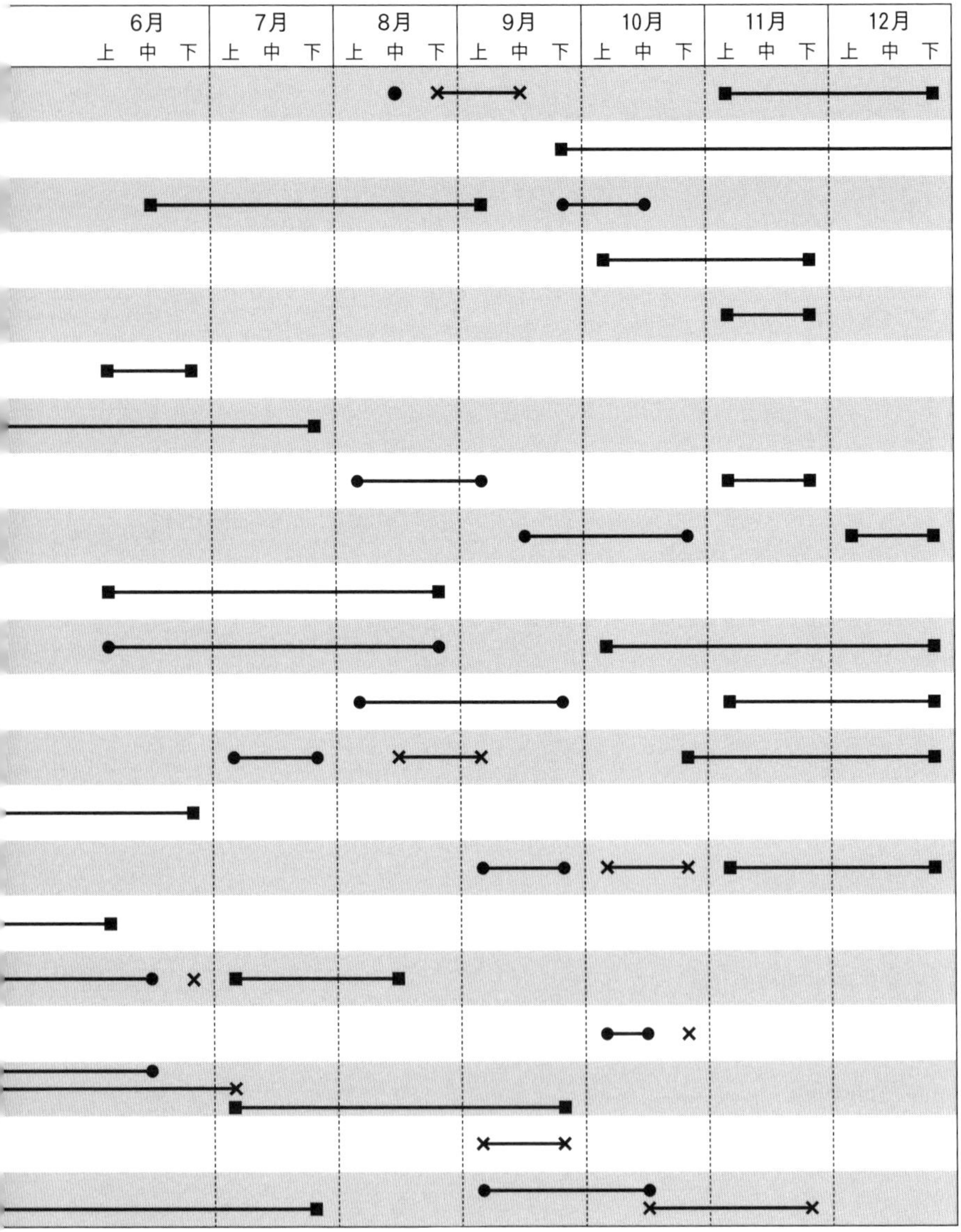

※関東地方の露地栽培を基準にしています。
※栽培環境、品種などによって時期が異なります。種袋の記述などを参考に栽培してください。

主な野菜の年間栽培暦　●種まき　×定植　■収穫

作物	1月			2月			3月			4月			5月		
	上	中	下	上	中	下	上	中	下	上	中	下	上	中	下
ネギ															
ゴボウ（春まき）	─	─	─	─	─	■				●	─	─	─	─	●
ゴボウ（秋まき）															
サツマイモ													●	─	●
サトイモ										●	─	─	─	─	●
ジャガイモ				●	─	─	─	─	●						
ダイコン（春まき）							●	─	─	─	─	●	■	─	─
ダイコン（初秋まき）															
ダイコン（秋まき）															
ニンジン（春まき）							●	─	─	─	─	●			
ニンジン（夏まき）															
ハクサイ															
ブロッコリー															
レタス（春まき）							●	─	●	×	─	×	■	─	─
レタス（秋まき）															
キャベツ（春まき）			●		×									■	─
キャベツ（初夏まき）													●	─	─
キャベツ（秋まき）							■	─	─	─	─	─	─	─	■
エダマメ										●	─	─	─	─ ×	─ ─
ワケギ							■	─	─	─	─	─	─	─	■
タマネギ													■	─	─

花の開花と栽培適期

	咲く花	種まき適期の野菜
2月中旬〜	ウメ、ヤブツバキ	ジャガイモ（定植）
3月上旬〜	レンギョウ、ジンチョウゲ	ニンジン、ダイコン、コマツナ
3月中旬〜 ◎彼岸	コブシ、ボケ	ネギ、ゴボウ、ミツバ、コカブ、 ラディッシュ、ホウレンソウ
4月上旬〜	サトザクラ、ボケ、モモ	スイカ、キュウリ、カボチャ、シソ、 サトイモ、ネギ（定植）
4月中旬〜	チューリップ、ヤマブキ	トウモロコシ、エダマメ、インゲンマメ
5月上旬〜 ◎八十八夜	フジ、シャクヤク、ボタン	ニガウリ、ラッカセイ、オクラ、 モロヘイヤ、ナス、トマト、メロン、 スイカ、キュウリ、カボチャ（定植）
5月中旬〜	ツツジ、アヤメ	サツマイモ（つる挿し）、ゴマ
6月上旬〜	ショウブ	ダイズ、ニンジン、アズキ
7月上旬〜	アサガオ	ニンジン、キャベツ、ブロッコリー、 カリフラワー、ネギ、秋まきの豆類
8月中旬〜	オシロイバナ、ケイトウ	ニンジン、ハクサイ、ワケギ、ソバ、 レタス
9月上旬〜 ◎二百十日	ハギ、コスモス	ダイコン、ホウレンソウ、タマネギ、 秋まきの葉菜類
9月中旬〜 ◎彼岸	キク、ダリア	コマツナ、ホウレンソウ、 イチゴ（定植）、秋まきの豆類
9月下旬〜	ヒガンバナ、キンモクセイ	ネギ、ゴボウ、ミツバ
11月上旬〜	カエデの紅葉、サザンカ	エンドウマメ、ソラマメ、麦、 タマネギ（定植）、アスパラガス（株分け）

※開花期は関東を基準にしています。

あとがき

この本を初めて執筆したのは、農業高校の教諭になって、二十年を超えた頃でした。大学では植物病理の研究室に学んだ自分が、農事暦や農書の本を出すことになるとは、何だか不思議な気持ちがしたのを覚えています。

農業高校に勤めて現在に至るまで、花の魅力に惹かれ「フラワーデザイン」を学んだり、その先にある庭の不思議に目覚め「ランドスケープ」を勉強したり、さらに個人の庭から都市の景観デザインに発展して、循環型社会、持続可能な農業「パーマカルチャー」や園芸活動によって人の幸せを求める「園芸療法」とさまざまな学びを重ねてきました。今思い返してみると、その基本にはいつも農の思想がありました。農業高校の現場を離れている今も、その農の思想は変わらず私のもとにあります。実家の米づくりを手伝い田んぼに立つ時、帰宅の途中で夜空の月を眺める時、自然に寄り添う生活のおもしろさを感じます。

古人の言葉は今も私に大きな指針を与えてくれます。優れた農書は優れた哲学書でもあると思います。今回、私の大好きな『百姓伝記』の文章を抜粋するに当たって、再度読み直してみて、古人の勤勉さに改めて頭が下がる思いがしました。また大事な知恵を歌にして伝えるおもしろさも改めて感じました。今回紹介した「畑仕事に生かす農書の知恵」十二カ月分の内容は、現代にも通じる知恵が読者のみなさんに伝わるようにと考えながら選んだものです。皆さんが農書を読んでみようかなと関心を高めてくれれば幸いです。私が初めて農書に出会った時の「今も昔も命を育てることの本質は変わらない」と感じたドキドキ感、そして旧暦に出会った時に感じた「焦らなくてもいいよ。ゆっくり生きればいいよ」というメッセージが少しでも伝われば、と思います。

農業を学ぶには、自分が主体となって、まず自分が積極的に始めることが必要です。つまり、農業は、生きた学問（実学）なのです。しかも、植物を育てることは命を育むことであり、病気になったら、枯らしてしまったら、と心配が絶えることがありません。

自然とともにある畑仕事だからこそ、失敗もあります。失敗から学ぶのも生きた学問（実学）ならでは。そんな時は、空を見上げて、風を感じる。畑仕事の日々は何よりも私たちを豊かにしてくれます。真剣に考えすぎずに、「適当（適切にことに当たる）に」を心がけて、「畑もあなたも元気で健やかに、シンプルに生きる」参考に、この本がなれば幸いです。

平成二十八年一月

久保田　豊和

●参考文献

梅原寛重『農事の愉しみ――十二ヶ月』（博品社）
宮崎安貞『農業全書』（農山漁村文化協会）
『百姓伝記』（岩波書店）
佐瀬与次右衛門『会津農書・会津歌農書』（農山漁村文化協会）
大蔵永常『広益国産考』（岩波書店）
『新農家暦』（農林統計協会）
ヘレン・フィルブリック、リチャード・B・グレッグ『共栄植物とその利用』（富民協会）
大谷ゆみこ『未来食』（メタ・ブレーン）
ルドルフ・シュタイナー『農業講座』（人智学出版社）
本多京子『旬を食べる12か月』（家の光協会）

＊本書は、二〇〇八年十二月に発刊した『暦に学ぶ野菜づくりの知恵　畑仕事の十二カ月』に加筆修正し、再構成したものです。

久保田豊和（くぼた・とよかず）

1965年静岡県生まれ。静岡大学農学部卒業。静岡県立田方農業高等学校教諭を経て、現在、静岡県立富岳館高等学校教頭として勤務。80年代後半に農書に出会い、農事暦および旧暦の研究に取り組む。農業教諭の時代には、ライフデザイン科セラピーコース（園芸福祉）を担当していた。地域やNPOと連携し、子どもや高齢者、障害者とともに植物を栽培する交流授業にも取り組む。わかりやすい解説は定評があり、中学校「技術・家庭」の教科書で栽培の執筆も務めた。プライベートでは田畑を耕し、旧暦暮らしを実践。

装丁・デザイン　山本 陽、菅井佳奈（yohdel）
本文イラスト　市川興一
校正　佐藤博子
DTP製作　天龍社

新版
暦に学ぶ野菜づくりの知恵
畑仕事の十二カ月

2016年2月1日　第1版発行
2017年2月9日　第2版発行

著　　者　久保田豊和
発 行 者　髙杉 昇
発 行 所　一般社団法人　家の光協会
〒162-8448　東京都新宿区市谷船河原町11
電話　03-3266-9029（販売）
03-3266-9028（編集）
振替　00150-1-4724
印刷・製本　精文堂印刷株式会社

ISBN978-4-259-56496-4　C0061